$\ln(x+y) = \sin x \cos y + \sin y \cos x$ $(\ln(x)) = x$

Im

$3+2i$ $(1+x)^{\alpha} = 1 + \sum_{n=1}^{\infty} \binom{\alpha}{n} \cdot x^n$ $\frac{a}{\sin A} =$

Re $\binom{\alpha}{n} = C_n^{\alpha} = \frac{n!}{(n-\alpha)! \alpha!}$ $\begin{vmatrix} \cdot & \cdot & \cdot \\ \cdot & \cdot & \cdot \\ \cdot & \cdot & \cdot \end{vmatrix} = -|$

$(x_{n-1}) \Delta x)$ X $= e^x$ $\lim_{x \to 0}$

$^2 = b^2 + c^2 - 2bc$ $y = \sin x$ $\begin{pmatrix} a_2 & b_2 \end{pmatrix} \cdot \begin{pmatrix} c_1 \\ c_2 \end{pmatrix} = \begin{pmatrix} a_1 c_1 + b \\ a_2 c_1 + b \end{pmatrix}$

$\mathcal{D} = b^2 - 4ac$

$= 2$ $e^x = 1 + \sum_{n=1}^{\infty} \frac{x^n}{n!}$ $\int$

$x = \text{Im}\{e^{ix}\}$

$\cosh(x) = \frac{e^x + e^{-x}}{2}$ $a \ln$

$X = 1$

$\log_{a^p} x = \frac{1}{p} \log_a x$

$$\begin{array}{c} 1 \\ 1\ 1 \\ 1\ 2\ 1 \\ 1\ 3\ 3\ 1 \\ 1\ 4\ 6\ 4\ 1 \\ 1\ 5\ 10\ 10\ 5\ 1 \\ 1\ 6\ 15\ 20\ 15\ 6\ 1 \end{array}$$

$x! = 1 \cdot 2 \ldots \cdot x$

$\cap b = \emptyset$ $\lim_{n \to \infty} \left(1 + \frac{1}{n}\right)^n = e$

$g\alpha = \frac{\sin \alpha}{\cos \alpha}$ $\sqrt[n]{x_1 x_2 \ldots x_n} \leq \frac{x_1 + x_2 \cdots x_n}{n}$

$\cos(x+y) = \cos x \cos y - \sin x \sin y$

x

$\dfrac{a}{b}$

$\sin \alpha = 0,5$

$\displaystyle\int \dfrac{dx}{\sqrt{x^2 \pm a^2}} = \ln\left|x + \sqrt{x^2 \pm }\right.$

$\dfrac{a}{\sin A} = \dfrac{b}{\sin B}$

$e^{i\pi} + 1 = 0$

$\overline{A} \cdot (B + \overline{C}$

$\pi =$

$-\left|\boxtimes\right| + \left|\boxtimes\right|$

$\sin^2 \alpha + \cos^2 \alpha = 1$

$f(x) = \dfrac{1}{\sigma\sqrt{2\pi}} \exp\left(-\right.$

$\displaystyle\lim_{x \to 0} \dfrac{\sin x}{x} = 1$

$\uparrow \mu$

$\forall \varepsilon > 0 \; \exists N$

$\left.\begin{matrix} a_1 c_1 + b_1 c_2 \\ a_2 c_1 + b_2 c_2 \end{matrix}\right)$

σ

$\sinh($

$i = \sqrt{-1}$

O

$e^{ix} = \cos x + i\sin x$

$\displaystyle\int x^n dx = \dfrac{x^{n+1}}{n+1}$

∞

$\sin x$

$\log(x)$

$A_n^k = \dfrac{n!}{(n-k)!}$

$\cos A = \cos B \cos C + \sin B \cdot \sin$

$a \perp m, \; a^{\varphi(m)} \equiv 1 \pmod{m}$

$\log(ab) = \log a + \log$

$h = D \cdot tg\,\alpha$

h

$S = \dfrac{1}{2} ab \sin \alpha$

α

D

$y = x^2$

$\cos 2\alpha = 2\cos\alpha - 1$

O

$\displaystyle\sum_{n=0}^{k} \dfrac{f^{(n)}(a)}{n!}(x-a)^n$

e^x

$\cos$

수학이
일상에서 이렇게
쓸모 있을 줄이야

신발 끈을 매다 수학이 생각났다

수학이
일상에서 이렇게
쓸모 있을 줄이야

클라라 그리마 지음 • 배유선 옮김

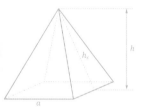

$$V = \frac{4}{3}\pi r^3$$

$$\prod_{k=1}^{n} A_k$$

$$\lim_{n \to \infty} \left(1 + \frac{1}{n}\right)^n$$

하이픈
HYPHEN

과학을 생각한다면 이미 한 걸음 뗀 것이다.
이루어진 일을 기억한다면 그 일이 가능하다는 걸 배울 수 있고
성공에 대한 희망이 있으면 노력을 배가시킨다.

— 소피 제르맹 Sophie Germain

바라볼 때마다,
너희를 향한 내 사랑의 깊이를 생각할 때마다
무한함의 의미를 깨닫게 해주는 나의 두 아들,
살바도르와 벤투라에게.

내 사랑, 수학

수학이 지긋지긋하고
아무짝에도 쓸모없다고 믿는 사람들에게

나는 수학자다. 그 사실이 기쁘다. 물론 누군가에겐 진절머리나는 분야일 수 있다. 이런 글을 쓰는 나에 대해 또르르 눈알만 굴려도 뉴런이 활성화되어, 어떤 암산도 척척 해내는 특기를 가진 외톨이 희귀종이라 생각할 수 있다는 것도 잘 알고 있다. 하지만 천만의 말씀. 전혀 그렇지 않다. 한발 양보해 희귀종일 수는 있지만, 그런대로 실수와 무리수를 즐기는 평범한 사람이다. 아, 죄송! 수학자스러운 농담을 안 하고 넘어가기엔 좀이 쑤셔 견딜 수 없었다.

주변에선 종종 내게 왜 수학을 선택했느냐고 묻는다. 특별한 감흥을 준 선생님을 만났거나, 어릴 때부터 천부적인 숫자 감각을 타고났거나, 원래부터 수학자가 꿈이었느냐고. 이 모든 질문에 대한 나의 답은 '아니오'다. 어릴 적 나는 단추를 파는 수예점 주인이 되어 각양각색 단추 더미 속에 살고 싶었다. 그 시절엔 단추를 도화지에 붙여 진열했는데, 그걸 뜯을 때 나는 소리에 홀딱 반해있었기 때문이다. 그게 아니라면 칸시온을 부르는 가수가 되고 싶었다. 거실 화병 속 조화를 머리에 잔뜩 꽂고 비운의 여주인공이 되어 감성 충만한 스페인 민요, 코플라를 부르곤 했다. 그러다 사춘기 때는 마돈나가 되고 싶었다. 그게 내 꿈이었다. 하지만 안타깝게도 (어쩌면 다행히도) 음악엔 별 재능이 없어 마음을 접어야 했다.

그런데 뜬금없이 수학이라니! 이유를 찾자면 그건 내가 뼛속까지 게을렀던 탓이다. 강이나 동물이나 식물에 남들이 멋대로 붙여놓은 이름을 외우기가 지독히도 싫었다랄까? 반면 수학은 일종의 게임이었다. 규칙을 익히고 놀면 충분했다. 답을 캐내는 놀이! 그래서 감동적이었다. 내 생애 첫 번째 1차방정식을 풀던 날, 비록 $X+3=5$ 수준의 단순 방정식이었지만, 터져 나오는 환호성을 참을 수 없었다. 내가 수학의 비밀을 캐내다니! 수학이란 처음부터 끝까지 논리적이었고 '그래야만 하는 무엇'이었다. 변덕스러운 인간에게 흔들리지 않고 언제나, 언제까지나 한결같은 것. 영원한 진리였다. 이런저런 정세에 따라 국경이 바뀌고 도시 이름이 변할지라도 7은 항상 소수일 수밖에 없듯, 수학은 탄탄하고 경이로운 사실이었다.

그러다 보니 대학 진학을 앞두고는 딱히 고민하지 않았다. 아, 몇 달간 수학과 철학 사이에서 갈등하기는 했다. 둘 다 똑같이 내 마음을 끌었고, 더 배우고 싶었다. 그때, 철학을 가르치시던 안토니오 우르타도 선생님의 조언이 나를 수학으로 끌어주었다. "전공은 수학으로 하고 철학은 취미 삼아 책을 읽으렴. 먹고살 생각도 해야지." 안타깝지만 옳은 말씀이었다. 당시 철학이란 (지금도 그렇지만) 안정된 미래와 동떨어진 학문이었다. 게다가 선생님의 충고는 내 평생 가장 유익한 조언 중 하나였다. 졸업 즈음 곧바로 일자리를 찾은 데다, 수학이 내 삶의 기틀이 되었으니 말이다. 그것도 몸에 꼭 맞는 옷처럼 안성맞춤으로! 지금까지도 수학은 내 삶을 행복하게 한다.

이후 나는 세비야대학 수학과에 입학했고 '수학'이란 말에 담긴 진정한 의미를 배워나갔다. 그리고 그 매력에 흠뻑 빠져, (고생은 좀 했지만) 무사히 학업을 마쳤다. 만만치는 않았다. 하지만 특별한 감동이 있었고 그보다 더 가슴 설레는 일이 없었다. 공부를 마칠 때쯤 나는 계산기하학 박사 논문을 쓰게 되었다. 수학이 삶을 바라보는 창이 된 것도 그때부터다.

1995년 11월, 어느 멋지고 화창한 가을날. 나는 세비야대학 응용수학과 교수로 임용되었다. 내가 이해한 것을 설명하고 가르치는 기쁨이 연구에 매진할 때 느끼는 만족감만큼 크다는 것을 깨닫기까지 오랜 시간이 걸리지는 않았다. 하지만 그 즐거움은 근 십 년간 대학 강단과 학회 발표에 국한되어 있었고, 아이들이 태어났을 때야 비로소 강의실이 아닌 거실 카펫 위에서 이 모든 것을 설명해야 하는 도전 과제에 봉착하게 됐다.

하루는 우리 집 막내, 여섯 살배기 벤투라가 내 티셔츠 프린트를 보고 물었다.

"엄마, 그거 탁자예요? 아니면 축구 골대?"

"아니, 이건 숫자야. 파이(π)라고 불러."

그러자 벤투라는 놀란 토끼 눈으로 나를 쳐다봤다. 아이라면 마땅히 가져야 할 아이다운 의심을 가득 품은 눈이었다.

"이 숫자는 3이랑 4 사이에 있어."

"엄마, 3이랑 4 사이에는 숫자가 없어요. 3 다음은 4예요."

"그게 말이야, 사실은 3이랑 4 사이에도 숫자가 있어. 그것도 무한대로."

"무한대? 그건 뭐예요?"

여덟 살짜리 큰아들도 합류했다.

나는 당황할 필요 없다는 자신감에 차 있었고, 아이들의 질문을 나름 즐기는 엄마였기에 가능한 한 제대로 개념을 설명하려 애썼다. 재미난 얘기까지 지어 곁들이면서. π는 원을 잴 때 쓰는 숫자이며, π 없이는 원둘레가 얼마인지 구하지 못할 거라고. 그리고 무한대란 아무리 세도 절대 다다를 수 없는, 우리 머릿속에만 존재하는 무지하게 큰 개념이라고 말해주었다. 그러자 아이들의 결론은 두 가지였다.

"아, 그럼 피자를 '파이(π)자'라고 불러야겠네! 동그랗잖아요."

"무한대라는 건 수학자들이 대충 설명하고 쉬려고 만든 거구나!"

이것은 빅뱅이었다. 수학의 대중화에 눈을 뜬 순간이었다. 그리하여 이 책의 일러스트를 담당한 라켈 구의 붓 터치와 함께 '마티와 매스어드벤처Mati y sus mateaventuras'라는 블로그가 탄생했고, 수학을 담은 이야기와 이야기를 가장한 수학을 세상에 소개하게 되었다.

수학이 재밌는 건 수학이 원래 재미있기 때문이다. 우리가 한 일은 그저, 그 재미난 수학에 이야기를 곁들여 맥락을 갖춘 것뿐이다. 아직도 많은 사람에게 수학이란 숫자를 세고 나누고 제곱근을 찾는 일이겠지만, 사실 수학은 그런 일이 아니다. 다시 말하지만 수학은 일종의 게임이다. 탄탄하고 경이로운 놀이이자 '원래부터 그래야만 하는 그 무엇'이다. 이 세상을 설명할 언어이자, 세련되게 논리를 판단할 도구이며, 우리가 사는 우주를 이해하는 방법이다.

코흘리개부터 꼬부랑 할아버지까지, 누구나 수학을 좋아한다. 스스로 깨닫지 못할 뿐이다. 지금 여러분 손에 들린 책이 그것을 증명하고 있다. 당신이 수학을 좋아한다는 사실을! 혹시 이미 알고 있었다면, 신발 끈 매기부터 셀카 성공 노하우, 경매, 재봉틀, 왕좌의 게임과 구글에 이르기까지 일상을 아우르는 이 책을 통해서 우리 주변 곳곳에 숨겨진 수학을 재발견할 수 있기를 바란다.

하지만 혹시라도 여러분이 수학을 좋아하지 않는다고 생각하는 사람 중 하나라면 나에게 수학의 즐거움을 증명할 기회를 주길 바란다. 우리 삶은 흥미진진한 수학으로 가득하니 말이다.

만일 이 설득이 성공했다면 작은 부탁 하나만 들어주면 된다. 거리로 나가 "나는 수학을 좋아한다"고 목청껏 외쳐주시길. 테크놀로지가 지배하는 21세기에 살면서도 수학은 지긋지긋하다고, 아무짝에도 쓸모없다고 믿는 안타까운 사람들이 있다. 아이러니하게도 한 손에는 핸드폰을 쥐고 있다. 이런 막연한 반감은 어느 나라에서건 미래의 수레바퀴에 제동을 걸기 마련이다. 미래는 수학의 시대라지 않던가? 수학자 에드워드 프렌켈Edward Frenkel도 짧지만 강렬한 한 마디를 남겼다.

"권력은 소수의 엘리트가 차지할 것이다. 권력이 그들 손에 들어가는 이유는, 그들은 수학을 알고 당신은 모르기 때문이다."

덧붙여서, 또 다른 수학자 세드릭 빌라니Cédric Villani의 조언처럼 '수학을 배우고 이해하는 것을 국가적 당면과제'로 삼아도 부족하지 않다.

자, 이제 긴장을 털어내고 가벼운 첫걸음을 내디뎌보자. 일상 속으로 수학 산책을 떠날 시간이다. 어두운 미래에 살고 싶지 않다면 수학과 친구가 되기를 기원한다.

목차

2부 | 엉뚱한 예측은 이제 그만하자

3부 | 수학이 어렵다고 투덜대기 전에!

4부 | 비록 수학이 당신의 삶을 바꾸지는 못하겠지만

5부 | 실수와 무리수를 즐기는 그날까지

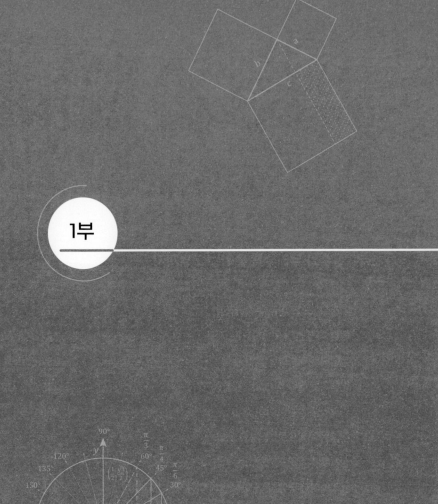

1부

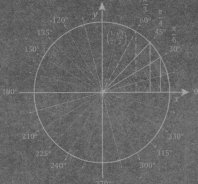

수학으로
일상 속 함정에서
빠져나오자

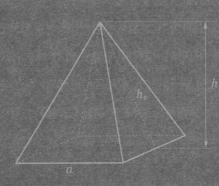

1장

페이스북을 믿지 마세요!

SNS 이용자라면 누구나 선거 결과에 뒤통수 맞아본 적이 있을 것이다.
페이스북 담벼락이나 타임라인을 보면 세상 사람 모두
나랑 같은 후보를 지지하는 것처럼 보인다. 하지만 뚜껑을 열어보니 그렇지 않다면?
그건 '다수의 착각'에 빠졌기 때문이다.

정치든 무엇이든, SNS에서는 대세에 큰 의미를 두지 않는 편이 좋다. 물론 SNS는 장점도 많고 유용하다. 하지만 본연의 특성상 여차하면 속아 넘어갈 함정이 많고 직관이란 것이 통하지 않는 세계다.

SNS에서 나타나는 '이상한' 양상 중에 잘 알려진 예를 하나 살펴보자. 남들이 항상 나보다 친구가 많아 보이는, 이른바 **친구 관계의 역설**이다. 첫눈에 간파하기는 힘들지만 가만 생각해보면 이유가 있다. 내 친구 중 한 명이 '대단한 마당발'이기 때문이다. 특별히 친구가 많은 사람이 한 명만 있어도 그 지인들의 평균 친구 수는 껑충 뛰어오르고, 상대적으로 내 인맥은 초라하기 짝이 없어

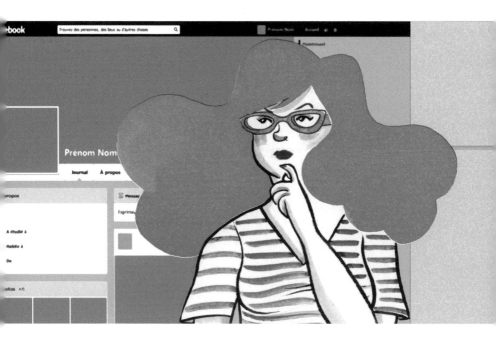

보인다. 하지만 슬퍼하거나 노여워하지 말자. 이런 종류의 사회적 실험에 **평균치**라는 잣대를 들이대는 것은 적절하지도, 정확하지도 않다. 학자금 지원 대상자 모임에 세계적인 패션 브랜드 자라Zara 의 창립자이자 유럽 최고 갑부인 아만시오 오르테가Amancio Ortega를 불러다 놓고 평균 연봉을 계산하는 것처럼 의미 없는 짓이다. 문제는 우리가 평균치라는 그럴듯한 말 앞에서는 무엇이든 덮어놓고 수긍한다는 데 있다.

    SNS상의 또 다른 '이상한' 양상으로는 **다수의 착각**을 꼽을 수 있다. 최근 서던캘리포니아대학USC 연구진이 밝혀낸 이 현상은 친구 관계의 역설과도 통하는 면이 많다. 먼저 개념부터 짚어보고 공통점을 살펴보기로 하자.

다수의 착각이란?

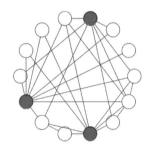

간단히 말해 어떤 개별 사례가 마치 보편타당한 것처럼 느껴지는 현상이다. 서던캘리포니아대학 연구소의 크리스티나 레먼Kristina Lerman 연구팀은 단순하지만 명확한 예를 들어 이 개념을 설명했다. 열네 명으로 구성된 사회관계망이 있다고 가정하고 왼쪽에 보이는 그림처럼 그래프화하면, 각 **꼭짓점**(점)은 페이스북 같은 특정 SNS 사용자를 의미한다. 친구를 맺은 사람들끼리는 **모서리**(직선)로 연결되어 있는데 그중 세 명만 빨간색으로 칠해두었다.

이제 이 빨간 꼭짓점 세 개를 SNS에서 나타나는 문제 행동이라고 하자. 이 경우 빨간 꼭짓점은 전혀 보편적인 현상이라고 할 수 없고, 14명 중 3명에게만 해당하므로 비율도 전체의 22%가 채 되지 않는다. 여기까지는 어렵지 않다. 그런데 사람들 눈에 비친 모습은 어떨까? SNS 사용자 중 아무나 한 명을 붙잡고 물어보면 그는 오른쪽 그래프와 같은 관점에서 대답할 것이다.

이 그림 속 회색 점이 보기에는 친구들이 100% 빨간색을 띠고 있다. 그러니 빨간색이 주류라고 믿을 만하다. 반면, 하얀 점에 해당하는 몇 명에게는 친구 중 50%가 빨간색으로 보인다.

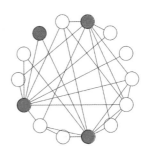

왼쪽 그래프 속 또 다른 회색을 보자. 그럼 전체 중 75%가 빨간색이라고 답할 것이다. 다시 말해, 실제로는 22% 미만인 빨간색이 전체 사용자 14명 중 11명, 즉 78%에게는 마치 보편적인 것처럼 비친다. 레먼과 그의 동료들은 바로 이런 현상을 가리켜 다수의 착각이라고 이름 붙였다. 남성 우월주의나 외국인 혐오, 동성애 혐오 같은 행동 양상이 (특정 환경에서는) 정상으로 여겨지는 것도 이런 까닭이다. 알고 보면 22%도 안 되는 몇몇 사람 때문이다. 하지만 이런 오해는 필연적일까? 가령, 빨간 꼭짓점을 바꾸더라도 상황은 변하지 않는 것일까? 그렇지 않다는 사실을 레먼은 다음 그래프를 통해 보여주었다.

이 그래프 속 하얀 꼭짓점이 볼 때는 하얀색이야말로 정상이며 가장 현실과 부합한다. 다수의 착각이 일어나지 않는다는 뜻이다.

왜 그럴까? 바로 여기에서 다수의 착
각은 친구 관계의 역설과 통한다. 착
각이 생기거나 생기지 않는 것은 친구
나 팔로워 수가 얼마나 많은가에 달려
있다. 레먼의 첫 번째 예시에서는 빨간
점에 해당하는 세 명이 모두 친구가
많은 사람들이었지만 두 번째 예시 속 빨간 점들은 그렇지 않다.

같은 이유로, 어떤 콘텐츠는 SNS에서 급속도로 퍼져나가지만 그
보다 더 재밌거나 훌륭한 다른 콘텐츠들은 빛도 보지 못한 채 흐지
부지 사라진다. 그러나 운 좋게도 수많은 팔로워를 가진 사람의 계
정에 링크되면 비로소, 다수의 착각이 발생한다.

이렇게 다수의 착각은 세상이 어떻게 돌아가는지 바르게 보는
것을 방해한다. 보편적이지도 않고 오히려 소수에 불과한 의견이
라도 모두가 그렇게 생각하는 것처럼 만들어 놓는다. 물론 이런
문제점과 함께 장점도 분명하다. 영향력이 큰 사용자를 물색하면
콘텐츠를 전파할 수 있다는 점이다.

어쨌거나 SNS 스타들을 대할 때는 한 걸음 물러서서 생각하는
편이 현명하다. 그리고 내가 혹시 그런 유명인 중 하나라면 어깨
가 무거운 줄 알아야 한다. 누군가를 아프게 할 만한 글은 자체 검
열이 필요한 법이다.

2장

수학을 알면
피카소가 될 수 있다

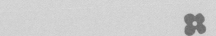

답을 알고 싶다면 두 눈을 크게 뜨고 선들을 살펴보자.
베지어 곡선이 보이는가?

　　　　　　　　　　피카소와 자동차, 그리고 수학의
공통점은? '없다'고 해야 마땅할 것 같다. 그런데도 이 셋을 묘하
게 이어주는 고리가 하나 있다. 그 고리는 피카소 작품의 매력을
폄하할 때 흔하게 하는 말과 닿아있다. "이런 그림, 누가 못 그려?
유치원생도 그리겠네" 하는 말이다. 그렇담 어디 유치원생을 데려
와 그려보라는 항변의 목소리도 들리는 듯하다.

　물론 이 장에서 그런 빈정거림에 반박할 생각은 없다. 아니, 어
쩌면 오히려 힘을 실어주는 셈이다. 피카소 작품 중 몇 점은 수학
자도 그릴 만큼 단순하다고! 그렇다. 실제로 이 세계적 거장의 작
품 중 상당수는 **베지어 곡선**만 알면 똑같이 모사할 수 있다. 그리고
우리 모두는 깨닫지 못했을 뿐, 이름도 낯선 이 수학 도형을 이미
수차례 보았고 직접 그려보기까지 했다.

　베지어 곡선은 프랑스 공학자 피에르 베지에Pierre Bézier의 발명품
이다. 1960년대 초, 르노 자동차에서 근무하던 베지에가 고안하여
자동차 부품 디자인에 폭넓게 활용했고, 그 후 항공 산업 분야까
지 접수하더니 오늘날에는 그래픽과 관련된 거의 모든 컴퓨터 프
로그램에서 존재감을 뽐내고 있다. 분명 곡선을 그릴 때 사용하지
만 내 손에 들어오면 절대로 내가 원하는 곡선이 그려지지 않는,
모두가 알만한 그 도구! 그것이 바로 베지어 곡선이다. 일단, 시작
점과 끝점은 그렇다 치자. 하지만 중간점들은 내가 그려놓고도 내
가 놀라기 일쑤고, 화를 유발하기도 한다.

과연 베지어 곡선은 어떤 원리이며 어떻게 그리는 것일까? 더 이상 좌절하지 않도록 이번에 확실히 익혀보자. 베지어 곡선은 항상 세 개 이상의 점으로 이루어진다. 이 점들을 우리는 **기준점**이라고 부르는데, 그중 시작점과 끝점 사이에 중간점을 찍고 '잡아당기듯' 방향을 잡아가며 경로를 그리면 된다.

대부분 프로그램은 기준점을 네 개로 설정하고 있지만 이해하기 쉽게 세 개짜리부터 살펴보자. 우선, 각자 즐겨 쓰는 그리기 프로그램을 하나 골라 열고, 곡선 그리기 도구를 선택한다. 그다음 마우스로 점을 하나 찍고, 그 점을 쭉 드래그해서 다음 점 찍을 곳에서 마우스를 뗀다. 이제 시작점과 끝점이 정해졌다. 이어서 세 번째 점을 찍을 곳으로 이동한다. 거기서 더블클릭을 하면, 곡선이 완성된다. 만약 우리가 아래와 같이 세 점을 찍었다면 프로그램은 이런 곡선을 만들어낼 것이다.

왜 그럴까? 보조선을 그리면 쉽게 이해할 수 있다. 시작점(왼쪽 빨간 점)에서 중간점(검은 점)까지 그은 후, 끝점(오른쪽 빨간 점)을 연결하면 다음과 같이 그려진다.

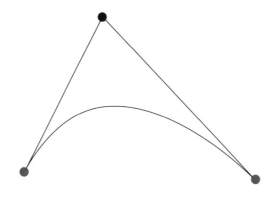

이 위를 회색 점 두 개가 돌아다닌다고 상상해보자. 하나는 시작점에서 출발해서 중간점으로, 다른 하나는 중간점에서 출발해서 끝점으로 움직인다. 속력은 다를 수 있지만 두 점은 서로의 움

직임을 조율해가며 동시에 출발해서 동시에 도착해야 한다.

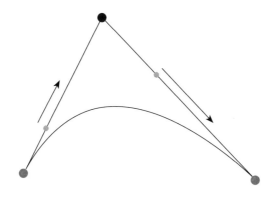

이제 머릿속으로 이 회색 점 두 개에 고무줄을 건다. 왜 하필 고무줄이냐고 묻는다면 두 점의 움직임에 따라 그 간격이 계속 변하기 때문이다. 그리고 이 고무줄 위에 분홍색 점 하나가 돌아다닌다고 생각해보자.

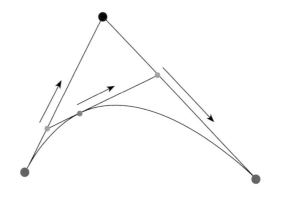

첫 번째 회색 점에서 출발해서 두 번째 회색 점으로 이동하며, 역시 속력을 조정해가며 두 회색 점과 동시에 출발해 동시에 도착한다.

이때 이 분홍 점이 움직인 경로가 바로 빨간 점 두 개와 검은 점 하나를 찍었을 때 만들어지는 베지어 곡선이다.

기준점이 네 개라면 어떨까?

과정은 똑같다. 한 점에서 출발해 두 번째 점까지 잇고, 세 번째 점을 찍은 다음, 마지막 점을 찍어 **핸들**(두 번째 중간점)을 만든다. 네 점이 다음과 같다면 결과물은 이렇게 불만 가득한 이모티콘이 된다.

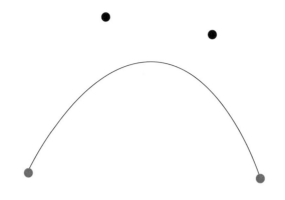

어떤 과정을 거친 것일까? 앞서 설명한 방법대로 시작점부터 끝점까지 차례로 이어나가면 다음과 같이 그려진다.

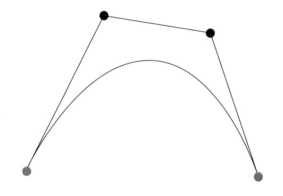

이렇게 그려진 세 선분 위에 회색 점이 하나씩 돌아다닌다. 물론 셋은 동시에 출발하고 동시에 도착한다. 첫 번째 회색 점과 두 번째 회색 점에는 고무줄이 걸려있고, 그 위를 분홍색 점이 돌아다닌다. 두 번째 회색 점과 세 번째 회색 점에도 마찬가지다. 그리고 이 두 개의 분홍 점에 또 한 번 고무줄을 걸어 그 위에 검은 사각형이 돌아다니게 한다. 그럼 바로 이 사각형이 움직인 경로가 우리가 그려낸 베지어 곡선이 된다.

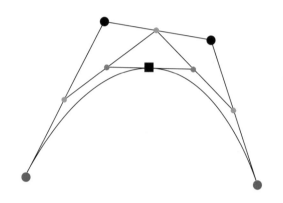

자, 여기까지! 완벽하지는 않지만 대략 이런 과정을 거친다. 원한다면 여기에 기준점을 추가해가며 여러 가지 베지어 곡선을 그려보아도 좋다.

그러나 마우스로 곡선을 그리다 혹여 또 실패하거든, 이렇게 생각하면 좀 위로가 될지 모르겠다. 피카소 작품은 생각처럼 만만치 않다고.

3장

드라마 속 진짜 주인공은
따로 있다!

비록 드라마나 책을 직접 본 것은 아니라도
〈왕좌의 게임〉에 대해 한 번도 못 들어본 사람은 없을 것이다.
그런데 이 소문도 들어보았는가? 최근 발표된 수학 논문에 따르면
놀랍게도 주인공은 대너리스 타르가르옌이 아니라는데…

얼마 전 미국수학협회MAA에서 발행하는 〈수학 지평Math Horizons〉에 미네소타 매캘러스터칼리지의 앤드류 비버리지Andrew Beveridge 교수와 졸업생 지에 산Jie Shan이 공동 저술한 〈왕좌의 네트워크Network of Thrones〉가 실렸다. 두 저자는 네트워크의 수학적 기법과 **그래프이론**을 바탕 — **구글 알고리즘**도 살짝 동원해서 — 으로 〈왕좌의 게임〉 속 진정한 주인공이 누구인지 밝히고자 했다.

비버리지와 샨의 접근방식을 설명하기 전에 먼저, 이 장의 제목에 약간 과장이 있음을 고백해둔다. 물론 해당 논문이 대너리스 타르가르옌을 주인공으로 꼽지 않은 것은 사실이지만, 그 데이터베이스가 조지 마틴George R. R. Martin의 작품 중 제3부 〈성검의 폭풍〉에만 국한된 것도 사실이니 말이다. 그때까지만 해도 칼리시는 완전히 몰락하지 않은 상태였다.

논문의 접근방식을 살펴보자. 저자들은 작품 속 인물과 그 관계를 그래프로 표현했다. 본래 그래프라는 것은 꼭짓점이라 부르는 점들과 그 점들을 둘씩 짝지어 연결한 모서리라 부르는 선들의 집합이다. 앞서 말했듯 페이스북이 그렇다. 관계망의 사용자가 꼭짓점이 되고, 친구를 맺은 두 사람을 연결하면 모서리가 되는 아래 그림과 같다.

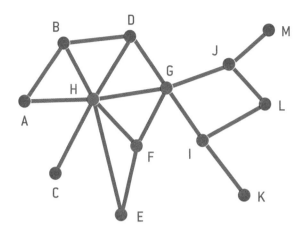

　다시 왕좌의 이야기로 돌아와서, 논문 저자들은 소설 속 등장인물을 그래프의 꼭짓점으로 삼았다. 한 명 한 명 작은 점으로 표현하면 총 107개의 인물 꼭짓점이 생긴다. 그리고 이들을 ① 가족이나 친구 관계일 때, ② 같은 장면에 등장할 때, ③ 이름이 앞뒤로 열다섯 단어 내에 함께 언급될 때마다 한 번씩 모서리를 그었다.

　이 세 가지 규칙에 따라 긋다 보면 꼭짓점들 사이에는 총 353번의 연결선(모서리)이 그려진다. 그리고 각각의 연결은 특정 값을 가진다. 함께 등장한 횟수, 가족 관계의 친밀도 등에 따라 연결의 무게가 달라지는 것이다. 이 무게를 모서리의 굵기로 표현하는데, 예를 들어 함께 등장하는 장면이 많으면 둘 사이의 모서리가 더 두꺼워지는 식이다.

　모서리 굵기 외에도 인물 비중에 따라 꼭짓점과 분류기호 크기에 차등을 두었다. 꼭짓점의 경우 **페이지랭크** 방식을 따랐는데, 페이지랭크란 구글이 웹 페이지를 중요도에 따라 분류할 때 사용하는 알고리즘이다. 그렇다. 선형대수니, 자동 벡터니 하는 그 모든 것들을 총체적으로 동원한 셈이다. 분류기호 크기는 조금 다른 방식으로 접근했다. 연결된 꼭짓점의 개수와 앞서 말한 무게에 따라 꼭짓점의 **중심성**^{centrality}을 도출해 적용했다. 이 모든 규칙에 따라 알고리즘이 그려낸 〈성검의 폭풍〉 관계망 그래프는 다음과 같다.

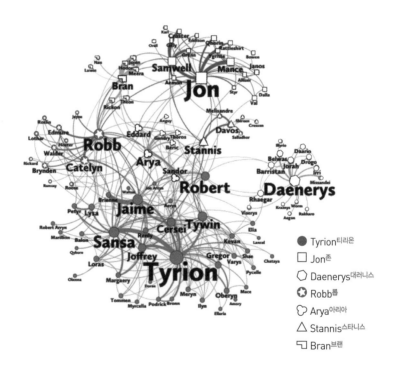

그림에서 알 수 있듯 꼭짓점들은 〈왕좌의 게임〉 그래프에 사용된 알고리즘에 따라 서로 긴밀히 연결된 일곱 개의 커뮤니티 혹은 **부분망**sub network으로 분류되었다(커뮤니티마다 경계가 명확하다). 소설의 흐름과도 일치하는 형태다.

한 가지 더 눈에 띄는 것은 연결도가 각별히 높은 몇몇 인물을 중심으로 전체 조직이 결정된다는 점이다. 티리온, 존, 로버트, 대너리스 등이 여기에 해당한다.

커뮤니티가 존재하고 소수의 꼭짓점이 큰 영향력을 발휘하는 현상은 거의 모든 사회관계망에서 나타난다. 그리고 앞 장에서도 보았듯, 연결도가 높은 몇몇 인물들에 의해 다수의 착각이 발생한다.

여하튼, 비버리지와 샨의 알고리즘에 따르면 작품 속 진짜 주인공은 티리온이다. 티리온은 지체 높은 가문의 귀족들을 비롯해 나이트워치, 빙벽 북쪽의 미개민족과도 교류하며 네트워크상 독보적인 입지를 구축하고 있다. 덕분에 존 스노우도 그를 따른다. 게다가 후계자로서의 잠재력과 권력 게임 속 활용 가치 때문에 산사 스타크도 그를 쫓는다.

대너리스 타르가르옌은 보다시피 그렇지 않다. 그러나 아직 3부까지만 전개된 상황이니 너무 따지고 들지는 말자. 아쉬움이 남는다면 뒷이야기를 직접 그래프로 그려보기를 바란다. 그럼 '칼리시'

꼭짓점이 흐뭇하리만치 두툼해지는 것을 두 눈으로 확인할 수 있을 것이다. 그런데 열혈 팬 양산도 모자라 이렇게 논문까지 만들어내하는 작품이라니, 언젠가 하루 날을 잡고 시청해야 하지 않을까 싶다.

4장

신발 끈을 매다
문득 궁금해졌다

자고로 수학자는 신발 끈을 조이는 순간에도 고민에 빠지는
그런 부류의 사람들이다. 그 고민이란 바로 끈을 매는 '방법'에 관한 것이다!
신발 끈 매는 법은 과연 몇 가지나 존재할까? 그리고 그중 최선은 무엇일까?

과학 연구 분야에 발을 들이지 않은 대부분 사람에게 〈네이처〉는 대수롭잖은 잡지일지 모른다. 하지만 나를 비롯해 그 세계에 속한 사람들에게는 논문만 실으면 세계적 명성을 보장받는 등용문과도 같다(학계에 이름을 알릴 발판을 마련한 셈이다).

다만 수학자들로서는 그림의 떡이라는 게 함정이다. 우리 분야 논문이 네이처 편집위원회 심사를 통과하기란 낙타가 바늘구멍 통과하기처럼 어려워서, 〈네이처〉에 논문을 보내는 수학자는 거의 전무할 정도다. 세계 언론을 뒤흔든 수학 논문 두 편만 봐도 사정이 훤하다. **페르마의 마지막 정리**를 푼 앤드류 와일즈Andrew Wiles와 **푸앵카레의 추측**을 증명한 그리고리 페렐만Grigori Perelman도 그저 수학 포럼에서 연구를 발표해야 했으니 말이다.

심지어 페렐만은 찬밥 신세가 따로 없었다(쳐주지도 않았다고 하면 품위가 떨어지니 이쯤 말해둔다). 그의 증명 전문은 전문 과학지 어디에도 실리지 않은 채 인터넷을 떠돌았다. 그 틈에 슬며시 명함을 내민 중국 수학자 두 명이 있었다. 페렐만은 아이디어를 제시하고 기초를 닦았을 뿐, 정작 연구를 발전시킨 것은 자신들이라 주장했다. 물론 두 사람의 주장은 국제사회에서 전혀 인정받지 못했다. 페렐만은 파격적인 행보를 이어나간다. 수학자의 최고 영예라 할 수 있는 필즈 메달은 물론, 세기의 난제를 푸는 사람에게 백만 달러 상금을 내건 클레이 수학연구소의 밀레니엄 상도 보란 듯이 거절하면서. 자, 이런 설명은 그만두고. 다시 〈네이처〉로 돌아오자.

앞서 말했듯 이 과학지에 게재된 수학 논문은 손에 꼽을 정도다. 그마저도 **미분방정식 수치해법**에 관한 학제간 연구가 대부분이다. 또 대개는 물리학이나 공학 같은 다른 학술 분야에 지대한 영향을 미친 내용들이다. 사정이 이러하니, 2002년 호주 모나시대학교의 버카드 폴스터Burkard Polster 교수가 〈네이처〉를 통해 발표한 논문은 우리 모두의 눈을 의심하게 만들었다. '수학적으로 신발 끈 매는 법'이라니!

이 논문에서 폴스터 교수는 인류에게 있어 선험적이기 그지없는 세 가지 질문을 다루었다. 첫째, 신발 끈 매는 법은 모두 몇 가지나 존재하는가? 둘째, 끈이 가장 적게 드는 방식은 무엇인가? 셋째, 가장 견고한 방식은 무엇인가?

첫 질문의 답은 확실하다. "매우 많음!" 구멍 열두 개짜리 운동화라고 가정하면 아무 구멍에서 시작해서 다른 구멍으로 이어지며 마지막 구멍까지 꿰었을 때의 결과는 다음과 같다.

$$12! = 479{,}001{,}600$$

귀띔컨대 '12!'은 12를 감탄사와 함께 외치는 소리가 아니다. 그런 객쩍은 농담이 생각날 법도 하지만, 실은 '12 **팩토리얼**'이라 부르고 $12 \times 11 \times 10 \times 9 \times 8 \times 7 \times 6 \times 5 \times 4 \times 3 \times 2$를 뜻한다. 여기서

끝이 아니다. 구멍마다 위에서 아래로 들어갈 수도 있고 아래서 위로 들어갈 수도 있다. 따라서 두 방향을 모두 고려한 총합은 다음과 같다.

$$(\text{12번째 구멍에 꿰는 법} \times 2) \times (\text{11번째 구멍에 꿰는 법} \times 2)$$
$$\cdots \times (\text{1번째 구멍에 꿰는 법} \times 2)$$
$$= (12 \times 2) \times (11 \times 2) \cdots \times (1 \times 2)$$
$$= 24 \times 22 \cdots \times 2$$
$$= 1{,}961{,}990{,}553{,}600$$

물론 이 중 대부분은 모양새가 엉망일 테고, 이토록 단순한 셈 몇 번으로 〈네이처〉 지면을 얻었을 리 만무하다. 폴스터 교수는 여기에 합리적인 제약을 몇 개 더 달았다. 한쪽 끝에서 시작해서 다른 쪽 끝에서 마칠 것, 각 구멍은 신발을 탄탄히 잡아주는 제 역할에 충실할 것, 몇 가지 심미적 기준을 충족할 것 등이었다.

이렇게 하면 공식을 도출하기가 훨씬 복잡해진다. 하지만 폴스터 교수의 계산에 따르면 조금 전 그 운동화를 가지고 '합리적으로' 끈을 매는 방법은 이제 43,200가지로 줄어든다.

자, 그럼 이 43,200가지 중 가장 끈이 적게 드는 방식은 무엇일까? 보통 까다로운 질문이 아닐 수 없다. 각 구멍이 신발을 탄탄히 잡아주는 제 역할에 충실해야 한다는 조건이 따라다니기 때문이다. 폴스터 교수는 다양한 조합법을 동원한 끝에 두 번째 답을 찾아냈다. 끈을 짧게 사용하는 가장 효과적인 방법은 바로 (C), 일명 '나비넥타이' 방식이었다.

이제는 제일 견고한 방법만 찾으면 된다. 이 답을 얻기 위해 폴스터 교수는 가장 전형적인 두 가지 형태를 방정식을 통해 모형화해야 했다. 십자형인 (A)와 일자형인 (B)였다.

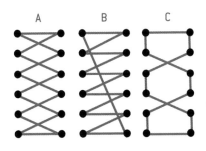

A와 B는 신발 끈을 매는 제일 보편적이면서도 제일 견고한 방식이고, C는 끈이 가장 적게 드는 방식이다.

이 연구에서 다룬 또 다른 질문은 매듭을 최대한 튼튼하게 묶는 법이었다. 우리는 대개 끈의 양 끝을 잡고 한 번 묶은 다음, 처음과 같은 방향으로 한 차례 더 묶는다. 습관이자 편측성의 문제다.

하지만 두 번째 매듭을 지을 때, 첫 번째 매듭과 반대 방향으로 묶게 되면 아무리 천방지축 날뛰어도 끈이 풀릴 일이 없다. 물론 어릴 적, 행여 풀린 신발 끈을 밟고 넘어질세라 정성껏 묶어주시던 할아버지, 할머니의 삼중 매듭에 비할 수는 없겠지만……. 오늘날의 수학자들도 거기까진 미처 생각지 못했나 보다.

5장

소파를 복도로
끌어내는 법

누구나 한 번은 이사를 경험했을 것이고
좁다란 입구로 큼지막한 가구를 빼내느라 진땀 흘린 적이 있을 것이다.
우리는 궁금하다. 코너에 끼지 않고 빠져나갈 수 있는 소파의 최대 크기는 얼마일까?

　　　　　야심 찬 계획과 대대적인 변화를
다짐하는 연초가 되면 누군가는 헬스장을, 또 다른 이들은 영어
학원을 찾는다. 연말 모임의 습격에도 지갑을 잘 건사한 운 좋은
사람들은 봄맞이 가구 교체를 꿈꾸기도 한다. 무엇 하나 쉽지는
않다. 하지만 지금 우리는 수학 이야기를 하고 있으니 영어나 운
동은 잠시 접어두기로 하자. 운동 못지않게 땀 흘릴 각오는 해야
하지만 말이다.

　자, 우리의 도전 과제는 단순하다.

"복도를 따라 가구를 옮길 때,

무사히 통과할 수 있는 최대 크기는 얼마인가?"

황당하게 들리겠지만 실제로 수학자들은 이 문제에 퍽 진지하게 머리를 싸매고 매달렸다. 일단 로봇공학 분야에 요긴할 뿐 아니라, 의외로 다양한 곳에 쓸모가 많다. 그리하여 수학계에 **소파 옮기기 문제**가 등장했다.

조금 쉽게 접근해보자. 어차피 로봇은 땅바닥을 기어 다니므로 이차원으로 생각하면 편하다. 복도는 두 개의 선으로 둘러싸인 평면과 같고, 따라서 (소파라는) 또 다른 평면 도형이 그 안에 들어갈 수 있는지 확인하는 것이 핵심이다. 복도가 직선일 경우는 이미 삼십여 년 전에 답을 찾았기 때문에 자세한 설명을 생략하지만, 궁금해할 독자들을 위해 요점만 짚자면, 가구 너비를 다음과 같이 계산하면 된다. 그림을 보자. 검은색은 복도요, 빨간색은 소파다. 저 대담무쌍한 형태를 보니 '피타고라슬레도스카'라는 이름을 붙여주고 싶을 정도다.

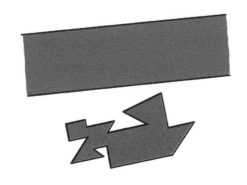

이 이차원적인 예제를 풀려면 크게 두 단계를 거쳐야 한다. 우선, 다음 그림처럼 움푹한 곳을 메워 소파의 **볼록 껍질**을 찾는다. 고무줄로 소파를 빙 두른다고 생각하면 된다. 볼록 껍질은 고무줄을 두를 때 나오는 형태와 같기 때문이다.

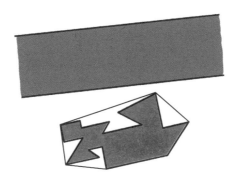

　다음으로 소파의 볼록 껍질을 포함한, 둘 사이 간격이 가장 좁은 평행선 한 쌍을 찾는다. 고무줄이 만들어낸 각 선분과 그 선분에서 제일 멀리 떨어진 꼭짓점 사이의 거리를 재면 되는데, 그것이 힘들다면 배관공이 파이프 측정에 사용하는 계측기술을 동원하는 것도 하나의 방법이 될 수 있다.

　그렇게 찾아낸 두 평행선의 간격이 복도 너비보다 작으면 소파는 무사히 빠져나가겠고, 그게 아니라면 실패다. 실패했다면…….

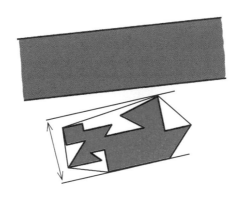

이삿짐센터에 문의하는 수밖에.

복도가 직선이 아니라면 문제가 복잡해진다. 호주-캐나다 출신 수학자 레오 모저$^{Leo Moser}$는 직각으로 꺾이고 폭이 1m인 복도를 빠져나갈 수 있는 도형의 최대 크기가 얼마인지 궁금해졌다.

잠시 생각해보면 '반지름 1m짜리 반원'이라는 짐작 혹은 확신이 들 것이다. 반원이라면 모서리를 돌기도 수월하고, 면적도 다른 도형보다 넓으니 말이다. 그래서 기억을 더듬어 반원 넓이 구하는 공식을 떠올리고, 적용해보면 다음과 같다.

$$\frac{\pi}{2} = 1.570796 m^2$$

안타깝게도 답은 아니다. 영국 수학자 존 해머슬리$^{John Hammersley}$가 이 복도를 통과하는 좀 더 큰 소파를 찾아낸 것이다(얄궃게도 그는 **퍼콜레이션**이라는 침투현상 전문 수학자다).

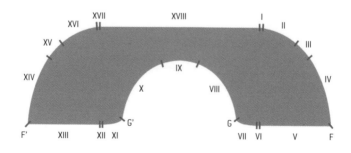

해머슬리의 소파는 원호에 직선을 덧댄 형태로, 쉽게 말해 아날로그 시절 수화기처럼 생겼다. 그 면적을 구하면 다음과 같다.

$$\frac{\pi}{2} + \frac{2}{\pi} = 2.2074\,m^2$$

앞서 말한 반지름 1m짜리 반원보다 크다는 것을 알 수 있다. 그럼에도 이 역시 복도를 통과하는 최대 도형이 아니다. 1992년, 미국 수학자 조지프 거버Joseph L. Gerver가 모양을 보다 복잡하게 바꾸며 넓이를 키워놓았기 때문이다. 거버의 소파는 원호가 아닌, 섬세한 곡선과 그 사이를 잇는 짧은 직선으로 이루어져 있으며 면적은 다음과 같다.

$$2.219531669\,m^2$$

현재까지 세계 최고 기록이다. 하지만 아직 아무도 이것이 소파가 가질 수 있는 최대 넓이라고 명백히 증명해내지 못했고, 그렇다고 더 큰 값을 찾은 것도 아니다. 흥미진진하지 않은가?

그러나 수학계의 지적 호기심을 자극하던 이 매력적인 도전 과제는 때마침 불어 닥친 북유럽 가구 열풍에 묻혀 빛이 바래고 말았다. 이제는 상자 몇 개에 간단히 옮겨 담을 수 있는 조립형 소파가 나왔으니…… 낭패가 아닐 수 없다.

6장

뻔한 조언을
무시해도 되는 이유

남더러 이래라저래라 훈수 두는 사람치고 제 앞가림 잘하는 사람 없다던가?
맞는 말이다. 때로는 남의 말 안 듣는 사람이 문제를 더 빨리 해결한다.
이건 수학적으로도 증명된 사실이다.

연말 가족 모임 자리에 가면 여러 명을 앉혀놓고 일장 연설 하는 사람이 꼭 한 명씩은 있기 마련이다. 인생이 무엇인지 조언하는 삼촌도 그중 한 명이다. 어머니 말씀마따나, 끽해야 일 년에 한두 번인데 좀 참고 들어준들 어디 덧나랴. 하지만 이런 '참견질'은 시간과 장소를 가리지 않는다. 하물며 인터넷에는 하루가 멀고 〈○○을 위해 기억해야 할 10가지〉라는 식의 기사가 쏟아진다.

그래서 나도 충고를 하나 남기련다. 제발 남에게 충고하지 말라고. 듣는 사람이 피곤한 것은 둘째 치고 모두가 똑같은 조언을 따라 똑같은 방향으로 달리다 보면 친구든 가족이든, 트위터, 페이

스북, 인스타그램 혹은 플리커를 사용하는 누리꾼이든 더 이상 아무런 변화도 일으킬 수 없다. 아무런 발전도 끌어낼 수 없다는 말이다. 전체적으로 미적지근하게 나아질지는 몰라도 혁신은 기대할 수 없다. 돌연변이를 유발해 종의 발전을 유도하는 분화 요소가 사라지기 때문이다. 아… 혼자 너무 진지했나 보다! 역시 수학적으로 설명하는 편이 낫겠다.

고전적인 방법으로 풀 수 없는 **최적화 문제**라는 게 있다. 주어진 **목적 함수**에 가장 적당한 비용, 수익, 시간 등을 구하는 작업인데, 이 문제는 컴퓨터 연산으로도 풀어낼 수 없다. 가장 대표적인 것이 **순회 세일즈맨 문제**TPS, Travelling Salesman Problem다.

상황은 매우 단순하다. 특정 도시에서 출발해 모든 도시를 거쳐 다시 처음 도시로 돌아오는 최단 경로를 구하는 문제다. 아래 그림에서는 '작은 집'에서 출발해서 모든 서점을 들러 다시 제자리로 돌아오는 법을 찾으면 된다.

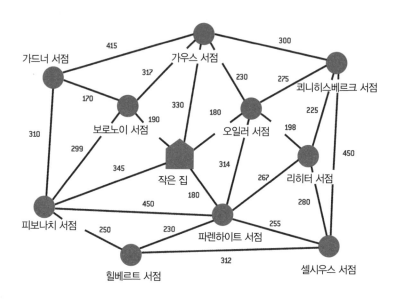

처음 이 문제를 접했을 때는 '도시 순서를 바꿔가며 가능한 모든 경로를 찾아낸 다음, 각각의 거리를 계산해 최솟값을 확인하면 된다'고 생각할지 모른다. 틀린 말은 아니다. 도시가 몇 개 되지 않는다면 말이다! 그러나 도시가 100개라고 생각해보자. 이때 가능한 경로의 개수는 모두 100!이다. ('100 팩토리얼'이라고 읽는다. 이 기호를 느낌표와 헷갈리면 안 된다.) 그리고 100!은 엄청나고 무시무시하게 큰 수다. 오늘날 관측 가능한 우주의 모든 소립자를 다 합쳐도 한참 모자랄 정도다. 이런 방식으로는 슈퍼컴퓨터를 동원해도 계산하기 힘들다.

그럼 컴퓨터로도 못 구하는 **최적값**을 무슨 수로 찾는단 말인가? 꿩 대신 닭이라고 가장 좋은 경로를 '고민'해보는 수밖에 없다. 가령 **유전 알고리즘**이라는 접근법이 유용할 수 있다. 유전 알고리즘이란 모든 생물이 환경에 적응하며 발전해간다는 진화론을 본 따 만든 모델이다. 이 개념을 순회 세일즈맨 문제에 적용해보기로 하자.

A, B, C, D, E, F라는 여섯 도시를 방문하려 한다. 방문 순서에 따라 알파벳을 나열할 때 최단 거리에 해당하는 **순열**은 무엇일까? 단, A에서 출발해서 A로 돌아와야 한다. 이 문제를 푸는 데 필요한 유전 알고리즘 요소는 다음과 같다.

1차 모집단

- 우선 1차 모집단에 들어갈 개체 수를 정한다.
- 그러기 위해서는 도시를 무작위로 배열하여 순열을 만들되, 개수를 아주 넉넉하게 한다. 그중 미리 정한 개수만큼 무작위로 추출하면 모집단이 완성된다.
- 여기서는 1차 모집단에 들어갈 개체가 여섯 개라고 가정

한다. 그리고 무작위 배열과 무작위 추출 결과, 최종적으로 아래 순열들을 얻었다고 하자.

{ABEFDC, ABCEFD, AEBCFD,
ACDBEF, AEFCDB, ADCBFE}

- 출발점을 A로 정했으므로 항상 A에서 시작하고 A에서 마쳐야 한다.

평가 함수

- 평가함수는 방금 구성한 1차 모집단 속 개체들을 측정하는 기준이 된다.
- 개체마다 점수를 매기고 그 점수에 따라 **적합도**를 매긴다.
- 여기서는 순열로 표현된 경로의 총 길이가 점수가 되는데 연속 배열된 두 지점 사이 거리를 더해나가는 식이다. 가령 ABEFDC라는 순열의 총 거리는 아래와 같이 구할 수 있다.

(A~B)거리 + (B~E)거리 + (E~F)거리 +
(F~D)거리 + (D~C)거리 + (C~A)거리

- 지금 우리의 목표는 최단 거리에 해당하는 순열을 찾는 것이므로 순열로 표현된 총 거리가 짧을수록 적합성이 높아진다.

교차 연산자

- 1차 모집단 개체 중 무작위로 두 개를 추출해 교차시키는 과정이다. 단, 적합성이 높은 개체에는 우선권이 부여된다. 따라서 개체의 적합성이 클수록 교차 선택에 뽑힐 확률도 높다. 현실에서도 그렇지 않던가?

- 여기서는 여섯 개 개체를 이용해 총 세 쌍을 구성하기로 한다. (만약 특정 개체의 적합성이 아주 크다면 중복 선택이 일어날 수 있다.) 가령 ABCEFD와 ACDBEF가 한 쌍이 되었을 때, 이 둘을 교차시켜 얻은 새로운 개체로 2차 모집단을 구성한다.

- 교차 방법에는 여러 가지가 있지만 그중 간단한 방법을 하나 소개하자면 이렇다. 먼저, 무작위 추출을 한 번 더 거쳐야 하는데, 여기서는 2와 4 사이의 숫자를 고르기로 한다. 그 결과 3이 선택되었다. 이것을 토대로 ABCEFD와 ACDBEF를 교차시켜 두 가지 **자식해**를 얻는다.

① 첫 번째 부모해인 ABCEFD의 첫 세 글자에서 시작하기

- 첫 번째 부모해의 ABC에서 시작해 두 번째 부모해인 ACDBEF로 넘어간다.

- 두 번째 부모해의 C 다음 오는 도시들을 차례로 방문한다. 따라서 C 다음에는 D, 그다음은 B가 온다. 하지

만 B는 이미 방문한 적 있으므로 건너뛰고 E로 넘어가서 F로 끝난다.

- 그 결과 ABCDEF라는 첫 번째 자식해를 얻는다.

② 두 번째 부모해인 ACDBEF의 처음 세 글자에서 시작하기
- 두 번째 부모해인 ACD에서 시작해서 위와 같은 방식을 거치면 ACDBEF라는 두 번째 자식해를 얻게 된다.
- 우연히도 부모해와 똑같은 값이 나왔지만 신경 쓰지 않아도 된다.

무작위로 맺어진 세 쌍을 모두 이런 방식으로 교차시키면 한 쌍당 두 개씩, 총 여섯 개의 자식해가 생긴다. 이것을 이용해 다시 2차 모집단을 구성하고 같은 과정을 반복하면 적합성이 더욱 높아진다. 그런데 여기서 주의할 점이 하나 있다. 사소하지만 중요한 핵심! 이것을 놓치면 알고리즘이 작동하지 않을 뿐 아니라, 환경에 가장 적합한 개체가 살아남는다는 자연의 이치도 성립하지 않는다. 바로 각자도생을 위한 **돌연변**이다.

변이 연산자

돌연변이는 빈번히 발생하지 않을뿐더러, 대개는 퇴화에 가깝다. 더 못한 개체가 나오는 경우가 많기 때문이다. 하지만 가물에

콩 나듯 환경에 잘 적응한 개체가 생겨나기도 하는데, 사실상 이 과정 없이는 진화론 자체가 무의미하다. 따라서 우리는 새로운 자식해를 얻고 나면 변형 확률을 1/1000 정도로 아주 낮게 설정해서 다시 한번 무작위 추출을 돌려야 한다. 천 개 중 한 개 정도만 변형시키는 셈이다.

앞서 ABCDEF와 함께 생겨난 여러 자식해들 중 하나가 돌연변이를 일으켰다고 생각해보자. 그렇다면 다음 과정은 어떻게 진행해야 할까?

- 이미 여러 번 한 것처럼 무작위 추출 과정을 거쳐 2와 6 사이 숫자 두 개를 뽑는다. 가령 3과 5가 나왔다면 세 번째와 다섯 번째 자리를 기준으로 교차선택 과정을 진행한다. 그럼 ABEDCF라는 조합이 생긴다.
- 이렇게 얻어진 새로운 모집단의 적합성을 측정해서 결과가 만족스럽다면 여기서 멈추면 된다. 그렇지 않다면 과정을 한 번 더 반복한다.

이 알고리즘의 신통한 점은 무작위 추출에 의존해 닥치는 대로 결정했을 뿐인데, 겨우 몇 단계 만에 훌륭한 결과물을 낳는다는 것이다. 이 방법을 쓰면 원하는 만큼 얼마든지 최적값에 접근할 수 있다. 세대를 거치면 거칠수록 적합성이 높아지기 때문이다.

이 원리는 이미 수학 이론을 통해 증명된 적 있다. 몇 가지 요소를 제대로 고려하지 않으면 기대하던 결과를 영영 얻을 수 없다는 사실도 알 수 있다. **지역적 최적해**라는 덫에 걸려 우리가 찾는 **전역적 최적해**에 이르지 못하기 때문이다.

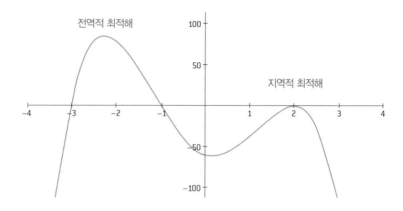

이쯤 되면 고개를 갸웃거릴 만도 하다. 이런 내용이 트위터와 페이스북, 인스타그램과 플리커를 도배하는 뻔한 조언들과 무슨 상관이 있느냐고 물을 수 있다. 대답하자면 이렇다. 너도나도 인터넷에서 본 글을 따라 하다가는 지역적 최적해에 갇히고 만다. 인터넷에 떠도는 글은 모든 개체를 고만고만하게 만들고 새로운 요소를 탄생시킬 만한 다양성을 무너뜨린다. 어찌 보면 혼혈이야말로 발전의 근원이며, 왕족처럼 동족혼을 추구하는 폐쇄적인 집단은 세대를 거칠수록 퇴화하고 결함이 쌓이기 마련이다.

그래서 마지막으로 조언하자면, 어디든 거침없이 섞여 보라! 내

행동이 혹 남의 눈에 비정상으로 보일까 염려된다면 천재 건축가 안토니 가우디Antoni Gaudí의 말을 기억하자.

"내 아이디어는 논리적으로 완전무결하다. 한 가지 흠이 있다면
과거엔 아무도 이런 생각을 한 적이 없다는 것이다."

그러니 괜한 걱정일랑 접어두기로!

7장

수학을 포기하면
언젠가는 위험해진다

수학을 포기하면 종종 몰상식한 선택을 하게 된다. 금융상품을 고르거나 건강검진 결과를 들을 때는 특히 더 위험하다. 한 가지 예를 들어 살펴보자.

우리는 넘쳐나는 통계데이터 속에서 살고 있다. 그렇다고 그 의미를 항상 제대로 이해하는 것은 아니다. 개중에는 실업률처럼 온몸으로 부대껴야 하는 숫자도 있고, 축구팀 볼 점유율처럼 몰라도 그만인 숫자가 있다. 물론 누군가에겐 그 반대라서, 정부가 구제금융을 결정하는 순간에도 축구경기를 봐야 직성이 풀리는 사람도 있다. 세상에는 별의별 사람이 다 살지 않던가.

하지만 누구라도 건강검진에는 신경을 쓰고 행여 몹쓸 병에 걸린 건 아닌지 염려하는 법이다. 그러니 숫자를 바르게 해석하고 합리적으로 대처하는 법을 알아두어서 손해 볼 일은 없다.

그런 맥락에서 상상력을 조금 발휘해보자. 아직 치료법이 개발되지 않은 어떤 질병이 있다. 혹시 이 병에 걸린 것은 아닌지 알아보기 위해 검사를 받았다. 이 병에 걸리면 회복 가망이 전혀 없고 극심한 고통에 시달리다가 빠르게 사망한다. 그런데 검사 결과, 양성 반응이 나왔다! 이런 상황에서 검사 신뢰도와 발생 빈도를 이해하지 못하면, 자신이나 가족에게 치명적인 극단의 행동을 할 수도 있다. 더 이상 두려울 게 없다는 듯 스칼렛 요한슨을 흉내 낸 사진을 인스타그램에 올려놓을 수도 있다. 하지만 알고 보니 병에 걸린 게 아니라면? 그 뒷수습은 어떻게 감당할 것인가.

황당하지만 가능성은 충분하다. 검사에서 양성 반응이 나왔을 때, 실제로 이 지독한 병에 걸렸을 확률은 얼마일까? 그때그때 다르지만 앞서 말했듯 검사 신뢰도와 발생 빈도가 관건이다. 예를 들어보자.

- 유병률이 0.1%, 즉 1,000명 중 1명이 질병을 앓고 있다.
- 피검사자 수는 총 10,000명이다. (편의상 어림수를 이용한다.)
- 검사 신뢰도는 병에 걸렸을 경우 80%, 병에 걸리지 않았을 경우 90%이다.

이런 조건에서 양성 반응이 나왔다면 피검사자가 감염되었을 확률은 얼마일까? "80%!"를 외치고 싶다면 찬찬히 함께 확인해보자.

- 유병률이 0.1%이므로 피검사자 10,000명 중 약 10명이 감염되었다고 추정할 수 있다.
- 그러나 실제 검사해보면 검사 신뢰도가 80%이기 때문에 10명 중 8명만 양성 반응을 보일 것이다.

감염되지 않았음에도 양성 반응을 보이는 사람은 999명 더 존재한다. 999명이라니! 갑자기 어디서 튀어나온 숫자란 말인가? 다시 말하지만 유병률이 0.1%이므로, 진짜 환자는 10명이고 나머지 9,990명은 건강해야 한다.

이때 기억해야 할 건, 병에 걸리지 않았을 경우의 검사 신뢰도

90%다. 건강한 9,990명 중 10%인 999명이 가짜 양성 반응을 보인다는 뜻이다.

정리하자면, 검사를 받은 10,000명 중 양성반응을 보이는 사람 수는 8+999=1,007명이나 되지만 그중 진짜 감염자 수는 8명뿐이다. 따라서 양성 반응이 나왔을 때 진짜 환자일 확률은 다음과 같다.

$$\frac{8}{1007} = 0.79\%$$

베이즈[*] **정리**를 이용하면 간단히 확인할 수 있는 문제다.

그러니 돌이킬 수 없는 선을 넘기 전에 차분히 추가 검사부터 받아보기를 권한다. 오늘이 마지막인 것처럼 SNS에 전신 노출 사진을 올리고 싶다면 굳이 말리지는 않겠다. 거기까지 관여할 문제는 아니니까. 하지만 무엇이 옳고 그른지는 사진과는 별개로 내면의 문제 아닐까? 진짜 중요한 것은 눈에 보이지 않는다는 말처럼.

———————————

[*] 토마스 베이즈(Thomas Bayes, 1702~1761). 영국 수학자.

8장

과연 일기 '예보'는 가능할까?

사람들은 기상청의 예보 실수를 심심풀이 땅콩처럼 놀려댄다. 들어맞으리라는 기대도 딱히 하지 않는다. 그런데 날씨 '예보'가 말처럼 쉬운 걸까? 그렇다면 수학자와 물리학자들이 아직도 정확한 예보 공식을 찾지 못한 까닭은 무엇일까?

수학을 모른다는 것은 실생활에서 어떤 의미를 가질까? 이 질문을 받을 때면 나는 존 앨런 파울로스 John Allen Paulos의 저서 『숫자에 약한 사람들을 위한 우아한 생존 매뉴얼』(존 앨런 파울로스, 동아시아, 2008)에 나온 첫 번째 예화를 떠올리지 않을 수 없다. 어느 날 그는 친구들과 함께 저녁을 먹었단다. 그런데 TV 속 기상 캐스터가 토요일에 비 올 확률이 50%이고 일요일에도 같다고 설명했다. 그러자 친구 중 하나가 '그럼 주말에 비 올 확률이 100%가 아니냐'며 결론지었다는 이야기다.

물론 이 논리에 반박하기는 어렵지 않다. 아래 표처럼 '내일 시간별 비 올 확률'을 똑같은 셈법으로 따져 보여주는 것만으로도

충분하다.

시간	강수확률	시간	강수확률
00:00-01:00	10 %	12:00-13:00	10 %
01:00-02:00	10 %	13:00-14:00	10 %
02:00-03:00	10 %	14:00-15:00	10 %
03:00-04:00	10 %	15:00-16:00	10 %
04:00-05:00	10 %	16:00-17:00	10 %
05:00-06:00	10 %	17:00-18:00	10 %
06:00-07:00	10 %	18:00-19:00	10 %
07:00-08:00	10 %	19:00-20:00	10 %
08:00-09:00	10 %	20:00-21:00	10 %
09:00-10:00	10 %	21:00-22:00	10 %
10:00-11:00	10 %	22:00-23:00	10 %
11:00-12:00	10 %	23:00-00:00	10 %

파울로스 친구의 계산대로라면 내일 비가 올 확률은 무려 240%다! 두말할 필요 없이 명백한 오산이다. 그런데 농담 삼아 확률을 합산한 이 일화를 소개할 때면, 자연히 내 관심은 사람들이 자주 묻는 질문으로 옮겨간다.

'비 올 확률 50%'라는 건 정확히 무엇을 의미하는 걸까. 싱거운 농담을 던지고 싶어 입이 근지러운 사람도 있을 것이다. 비가 오거나 오지 않거나, 둘 중 하나이므로 당연히 50%라고.

그렇다면 '비 올 확률 50%'일 땐 우산을 챙겨야 할까, 말아야 할까? 날씨가 어떨지 전혀 감을 못 잡는 기상청이 혹시 절반의 정답을 노리는 건 아닐까? 꼭 그런 것만은 아니다.

50%라는 수치가 어떻게 도출되었는지 보다 심도 있게 답하려면, 일기예보가 '대략' 어떻게 이루어지는지부터 이해해야 한다. 기상학에 쓰이는 방정식들은 사실 특별할 게 없다. 포뮬러1이나 항공기 주변의 기체 흐름을 파악하는 데 적용되는 **유체동역학과 열역학 방정식** 정도면 된다. 문제는 이 방정식들을 계산하는 함수가 일정하지 않다는 것이다. 5차 방정식 이상은 **근의 공식**이 성립하지 않는 것과 같은 이치다. 이처럼 정확히 풀어낼 수 없는 방정식을 다룰 때는 수치 시뮬레이션을 통해 어림값을 구하는데, 일기예보는 대략 다음과 같은 과정을 거친다.

- 첫째, 지구 전체 또는 일부 지역을 작은 칸으로 나눈다.

- 둘째, 분할된 각 칸의 기상 조건이 특정 시점에 어떠했는지 확인한다.
- 셋째, 그 기상 조건이 주변 칸들의 초기 관측값 변화에 따라 어떻게 달라지는지 방정식을 통해 확인한다. 이때, 위에서 말한 방정식이 사용된다.

이렇게 깔끔한 일이라면 대체 왜 자꾸만 예보가 빗나간단 말인가? 앞에서도 말했듯 방정식이 그리 간단치 않은 데다가, 시뮬레이션의 토대가 되는 초기 관측값에 매우 민감하게 반응하기 때문이다. 다시 말해, 초기 관측값에 미묘한 변화만 생겨도 해당 지역 예보는 완전히 달라진다. 이런 현상을 **나비 효과**라고 한다. 아마존 열대우림에서 나비가 날갯짓을 하면 태평양에는 태풍이 일어날 수도 있다는 유명한 이론 말이다. 게다가 계산에 사용된 초깃값이 100% 정확할 수 없다는 현실도 고려해야 한다. 다른 여러 가능성은 접어두더라도 관측 장비는 본래 어느 정도 오차가 있기 마련이다.

기상청은 불확실성을 보완하고자 기본값을 미세하게 바꿔가며 숱한 시뮬레이션을 거친다. 우리가 텔레비전에서 보는 퍼센티지는 그렇게 도출된 것이다. 예컨대 특정 초깃값을 토대로 100번 연속 시뮬레이션을 실행한 결과 50번은 비가 왔고 50번은 비가 오지 않았다면, 비로소 기상청은 '비 올 확률 50%'라고 예보한다. 농담처럼 말하던 싱거운 과정이 아니라는 것을 인정해야겠다. 모르긴 몰라도 변화무쌍한 기상을 관찰해 뭔가를 도출한다는 것은, 분명 엄청난 수학적 과정이 필요하다.

9장

예방 접종을 무시하면
어떻게 될까?

수학적 역설을 페이스북 친구 관계에 적용해보자.
그러면 예방 접종이 꼭 필요한 이유를 이해할 수 있다.

얼마 전 스페인 카탈로니아에서 여섯 살배기가 디프테리아에 걸려 사망하는 안타까운 사고가 있었다. 비단 그 아이만의 문제는 아니다. 최근 페이스북에 떠도는 글이나 미용실에서 읽은 잡지 몇 줄 때문에 어린 자녀의 예방 접종을 거부하는 부모가 늘고 있다. 21세기를 살면서 예방 접종의 필요성을 설명해야 한다는 건 참 아이러니하지만, 언론에서 떠드는 이야기를 듣노라면 집단 면역의 중요성을 다시금 짚어보지 않을 수 없다.

앞서 우리는 **친구 관계의 역설**을 살펴본 바 있다. '페이스북에 접속하면 남들이 나보다 친구가 많아 보인다'는 것이 핵심이었다. 그러나 말 그대로 역설이다. 직관적으로 생각해보아도 '모두에게 항상' 그럴 수는 없지 않은가?

하지만 친구 관계의 역설이 보여주는 객관적 사실은 '내 친구들의 친구 수를 **산술 평균**하면 내가 가진 친구 수보다 크다'는 것이다. '평균적으로' 남들이 나보다 친구가 많다는 뜻이며 우리는 이 역설이 SNS에서 어떻게 작용해서, 어떻게 모두의 눈을 속이는지 확인했다.

이번에는 이 문제를 좀 더 진지하게 접근해서, 전염병의 유행 과정과 모든 아이에게 예방 접종이 절대적으로 필요한 이유에 대해 살펴보려 한다. 건강상의 이유로 접종할 수 없다면 모를까, 아이부터 연세 지긋한 어르신까지 예외일 수 없다.

가령 신종 질병이 창궐하여 예방 접종 긴급 캠페인을 벌인다고 생각해보자. 예산이나 인력이 부족해서 전 국민을 상대로 접종하기란 현실적으로 불가능하다. 이런 제한된 상황에서 우리의 목표는 최대한 많은 사람에게, 최대한 빠르게 면역 체계를 만들어주는 것이다. 바로 이럴 때 친구 관계의 역설이 아주 요긴하게 쓰인다.

- 우선 무작위로 1차 모집단을 구성하여 예방 접종을 한다.
- 그리고 이들에게 친구 몇 명을 지명하게 한다. 친구 관계의 역설에 따르면, 지명된 친구들은 자신을 지명한 친구보다 친구 수가 많기 마련이다.
- 넓은 인맥을 가진 것이 틀림없는 이 사람들에게 한 번 더 예방 접종을 실시한다.

이렇게 하면 전체 인구 중 20~40%에게만 접종을 해도 전염병이 퍼지는 것을 막을 수 있다. 만약 친구 관계의 역설을 활용하지 않고 순전히 무작위로 대상을 선정한다면, 전체 인구의 80~90%에게 예방 접종해야 가까스로 동일한 효과를 볼 수 있다. 보험 설계사나 화장품 외판원이 고객 좀 소개해달라며 샐러드 볼을 사은품으로 주는 데는 그만한 이유가 있는 것이다.

친구 관계의 역설이 어떤 결과를 낳는지 또 다른 상황을 예로 들어보자. 정기 예방 접종을 받아야 하는 질병이라면 어떨까? 국

내에 유입은 되었지만 아직 전혀 들어보지 못한 사람들도 있고, 신참 의사들은 한 번도 진단해본 적 없는 그런 병 말이다.

가령 지난번처럼 느닷없이 디프테리아 감염자가 발생한다면 초기에는 감염자와 신체 접촉이 있었던 사람, 즉 친구들부터 차례로 감염될 것이다. 여기서 끝이 아니다. 이들은 자신을 감염시킨 첫 번째 환자보다 '평균적으로' 더 많은 친구를 갖고 있지 않던가? 안타깝게도 그 지인들이 다음 희생자다. 만일 국민 대다수가 디프테리아 예방 접종을 받지 않은 상태라면 감염자는 기하급수적으로 늘고 사태는 걷잡을 수 없어진다. 하지만 다행히도 현실은 그보다 희망적이다. 그럼 모두가 예방 접종을 받았다는 말인가. 그렇지는 않다. (예방 접종을 거부하는 '안아키*' 엄마들은 차치하더라도) 영아와 유아, 의학적 이유로 백신을 맞을 수 없는 일부 성인들과 고령자는 여전히 사각지대에 놓여있다.

그럼 이들을 보호하려면 어떻게 해야 할까? 우리가 예방 접종을 받으면 된다. 법으로도 규정되어 있듯 접종이 가능한 모든 대상자가 동참하게 되면 일종의 '방어벽'이 형성된다. 예방 접종을 받은 사람들이 받을 수 없는 사람들을 철통처럼 둘러싸고 보호하기 때문에 질병이 침투할 틈이 없어진다.

이런 상황을 그래프로 간략히 표현하면 다음과 같다. 빨간 점은

---

* '약 안 쓰고 아이 키우기'의 줄임말. 자연 치유 육아법을 주장하며 병원 치료를 극단적으로 거부하는 운동을 펼쳐 사회적 파장을 일으키기도 했다. ─ 옮긴이주

감염자, 검은 점은 접종자, 그리고 하얀 점은 미접종 상태지만 아직 감염되지 않은 건강한 사람이다.

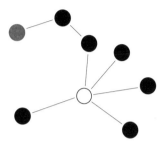

이 튼튼한 보호벽에 균열을 내는 존재는 다름 아닌 자연주의를 표방하며 백신을 거부하는 사람들이다. 그중 누군가 병에 걸리면 그때부터 문제가 시작된다. 그 지인 중에 감염자가 나올 테니 말이다. 대개 이런 '쿨한' 유행을 쫓는 엄마들은 학부모 모임 같은 곳에서 주기적으로 만나 최신 정보를 교환하기 마련이다. 그리고 하필이면 영아나 유아, 또는 건강상의 이유로 백신을 맞을 수 없는 성인이 이런 사람을 친구로 두었을 때는 사태가 심각해진다.

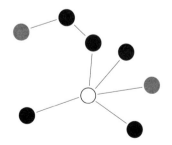

이것이 친구 관계의 역설이 가진 양날의 검이다. 집단 면역을 확립할 때는 더없이 효과적이지만, 질병을 퍼뜨리는 속도조차 상상을 초월한다. 재앙을 막을 유일한 해법은 예방 접종이 가능한 사회 구성원 전부가 접종에 동참하는 것뿐이다.

백문이 불여일견이라고, 구구절절한 설명보다는 위키피디아에 실린 인포그래픽이 더 설득력 있을 듯하다. 국민 대다수가 미접종자(흰색)라면 어떤 사태가 벌어지겠는가?

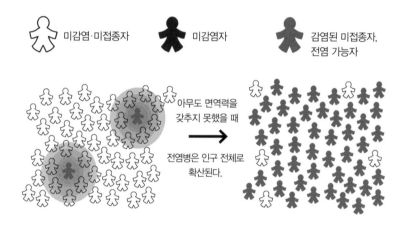

말할 것도 없이 질병은 사회 전체로 퍼져나간다. 그럼 전체가 아닌 일부만 예방 접종을 한 경우는 어떨까? 건강상의 이유로 예방 접종을 할 수 없는 사람들과 '안아키' 추종자들까지 고려해서 말이다.

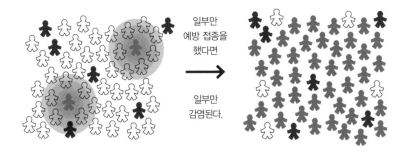

일부만
예방 접종을
했다면

일부만
감염된다.

질병은 친구 관계의 역설에 힘입어 들불처럼 번질 것이다. 그러므로 전염병을 막을 유일한 방법은 접종 대상자 모두가 접종에 동참하는 것이다. 디프테리아도 마찬가지다. 예방 접종을 제대로 시행해온 지난 20년간은 아무 문제도 발생하지 않았다.

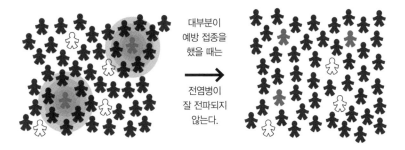

대부분이
예방 접종을
했을 때는

전염병이
잘 전파되지
않는다.

더 이상의 설명과 토론이 무슨 의미가 있을까? 예방 접종이 집단 면역에 기여하는 바는 이미 분명히 증명되었고, 그것만으로도 충분하다. 몇몇 어른들의 어리석음이 어린아이를 죽음으로 몰고 가는 현실이 안타까울 뿐이다.

10장
소리만으로
북 모양 맞히기

자다가 봉창 두드리는 얘기 같지만 실은 세상 가장 흥미로운 수수께끼다.

무려 50여 년이나 여기에 몰두한 수학자들이 있을 정도다!

하긴, 수학자들이 원래 그런 사람들이긴 하다.

방법을 설명하기 전에, 질문부터 제대로 이해해야겠다. '북소리로 북 모양 맞히기'라니! 북은 대개 진동을 통해 소리를 발생시키는 막 하나와 이 소리를 증폭시키는 공명상자 하나로 이루어져 있다. 그리고 북이라면 자고로 진동막이 원형이어야 그럴싸하겠지만, 삼각형이나 색다른 형태를 만들지 말라는 법도 없다. 우리나라 지도처럼 생겼으면 어떻고, 사랑하는 이의 얼굴을 닮은들 또 어떻겠는가?

막의 형태에 따라 진동이 어떻게 달라지는지는 방정식을 통해 알 수 있다. 북소리가 방정식 속 **고윳값**에 달려있기 때문이다. 고윳값은 본래 각종 수학 문제를 풀거나 응용할 때 결정적인 역할을

하는데, 인터넷 검색을 할 때 구글이 페이지를 분류하는 것도 같은 원리다.

다시 본론으로 돌아와서 질문을 던져보겠다. 형태가 판이한 두 개의 막이 동일한 고윳값을 갖는 경우도 존재할까? 그러면 같은 소리를 낼 수도 있는 걸까? 1966년 마크 캑Mark Kac은 헤르만 바일Hermann Weyl이 무려 20년 앞서 제기했던 이 문제를 다시 수면 위로 끌어올렸다.

캑이 논문을 발표하자마자 20세기 후반 최고의 수학자로 손꼽히는 존 밀너John Milnor가 제일 먼저 응답했다(그는 이미 2년 전에 그런 사례를 발견한 터였다). 우리 같은 평범한 사람이 보기엔 너무 추상적이어서 썩 개운치 않다는 것이 흠이었지만, 어쨌거나 밀너는 막의 모양이 완전히 달라도 똑같은 방식으로 울리고 똑같은 소리를 내는 북이 존재한다고 밝혔다.

여기까지는 훌륭하다. 그러나 밀너의 북은 16차원 세계에서나 제작 가능하다는 문제가 있었다(엄밀히 말하면 막을 만드는 데까지가 16차원이니까 북을 만들려면 한 차원이 더 필요했다). 우리에게 친숙한 2차원적인 형태의 북으로도 문제를 풀 수 있는지는 결국 미제로 남고 말았다.

2차원적인 해답은 그로부터 25년 후에야 등장했다(수많은 수학 문제에는 우리가 사는 낮고 낮은 3차원이 아니라 더 고차원적인 세계를 가정 해야 증명할 수 있다는 고질적인 문제점이 있다). 세 명의 수학자 캐롤린 고든Carolyn Gordon, 데이비드 웹David Webb, 스콧 울퍼트 Scott Wolpert는 완벽하게 똑같은 방식으로 울리는 서로 다른 형태의 2차원 도형을 만들어냈다. 하지만 그림에서 보듯 '유별난' 모양새는 어쩔 수 없었다.

하지만 이렇게 들

데이비드 웹과 캐롤린 고든은 같은 소리를 내는 서로 다른 막이 존재한다는 걸 증명했다.

쑥날쑥하지 않고 좀 더 평범한 모양의 북이라면(이론적으로 말해 **해석학**적인 **볼록 집합**이라면), 스티브 젤디히Steve Zelditch가 증명했듯 소리만으로도 형태를 분명히 구분해낼 수 있다. 즉, 막의 모양이 다르면 소리도 엄연히 다르다.

이만하면 다들 알아차렸을 것이다. 평범한 북 하나도 수학자 손에 굴러 들어가면 어떤 일이 벌어지는지를. 하지만 뭐니 뭐니 해도 '북'하면 떠오르는 제일 유명한 과학자는 1965년 노벨 물리학상을 받은 (아래 그림 속) 리처드 파인만Richard Feynman이 아닐까?

2부

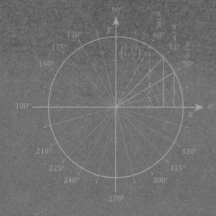

엉뚱한 예측은
이제 그만하자

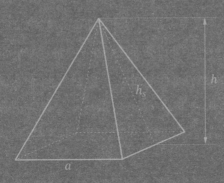

11장

남녀가 함께 살 때
알아야 할 것들

삶이 여자들의 뒤통수를 치는 순간이 있다. 남자와 함께 살면서
뜻밖의 입수를 하게 될 때도 그렇다. 오밤중에 엉덩이를 변기에 붙이려다
풍덩 빠지고 마는 불상사 말이다. 한두 번이야 웃어넘기지만 시간이 갈수록
입꼬리 대신 눈꼬리가 올라가기 마련이다.

비행기 승객들이 놓고 내리는 화려
한 미국 카탈로그를 보면 별의별 물건이 다 있다. 특히 놓인 위치
에 따라 색이 바뀌는 변기 뚜껑(내려지면 녹색, 올려두면 빨간색)이 인
상적이었다. 한밤중 어두운 화장실에 들어가도 봉변당하지 않게
해주는 발명품이라니, 진정 노벨상감이다.

'스마트 변기 뚜껑'이 있지 않은 우리는, 이성과 동거하는 모든
이들을 위해 변기 뚜껑 문제를 진지하고 엄숙하게 수학적으로 분
석해보도록 하자. 인간사 중대한 문제들과 동등하게 말이다.

남녀가 동거하는 현장에서 불리한 쪽은 단연 여자다. 혼자 살
때는 변기 중간 덮개는 항상 있어야 할 그 자리에 내려져 있다.

그러나 남자와 한 공간에 살게 되면 변기 덮개를 내려야 할 확률이 0보다 커지고, 화장실에서 해야 할 일이 눈곱만치라도 더 많아진다.

남자들은 어떨까? 여자와 화장실을 공유할 때 그들의 삶은 어떻게 바뀔까? 남자는 혼자 살 때도 변기 중간 덮개를 여닫는 일에 변함없이 힘을 쓴다. 변기에서 이루어지는 두 가지 용무 중, 하나는 덮개를 내린 채로, 하나는 덮개를 올린 채로 해야 하기 때문이다(사리 분별을 할 줄 아는 남자라면 응당 그렇게 한다). 결과적으로 남자는 혼자 살든 둘이 살든 덮개를 올렸다, 내렸다 한다.

이 상황에 대한 힘 소비량은 이렇다.

- 남자가 화장실에 갈 때 소변이 목적일 확률을 p라고 하면 대변이 목적일 확률은 1-p다. 변기 덮개를 여닫을 때 소비하는 힘은 C라고 하자.
- 그럼 혼자 사는 남자가 평균적으로 소비하게 될 힘의 총량은 큰 일을 본 후 작은 일을 볼 확률에 C를 곱한 값과 작은 일을 본 후 큰 일을 볼 확률에 C를 곱한 값을 합친 것과 같다(바로 직전 용무와 다른 볼일을 볼 때만 계산에 반영한다).

$$M_{solo} = p(1-p)C+(1-p)pC$$
$$= 2p(1-p)C$$

- 반면 혼자 사는 여자의 힘 소비량은 앞서 말한 것처럼 0이다.

$$W_{solo} = 0$$

그런데 남녀가 함께 살면 이 일과에 드는 힘 소비량이 어떻게 달라질까? 물론 변기에 빠지는 사태가 발생한 후 동거 수칙을 어떻게 조정했는지에 따라 상황은 달라진다. 하지만 여기서는 아무 조치도 취하지 않았다고 가정한다. 즉, 남녀 모두 화장실에서 나올 때 변기 덮개를 내리든 말든 신경 쓰지 않기로 하고 화장실 이용 빈도는 예전과 같다.

- 규칙을 정하지 않고 살면 화장실에 갔을 때 중간 덮개가 올라가 있을 확률은 $\frac{p}{2}$이다(남자가 소변을 보고 왔을 확률 p에 화장실에 갈 확률 $\frac{1}{2}$을 곱한 값). 중간 덮개가 내려가 있을 확률은 자연히 $(1-\frac{p}{2})$가 된다.
- 이런 경우 여자는 중간 덮개가 올라가 있을 때마다 다시 내려야 하므로 평균 힘 소비량이 다음과 같다.

$$W_{couple} = \frac{Cp}{2}$$

- 그리고 남자의 힘 소비량은 여자 다음에 소변을 보러 갈 확률 $(p \cdot \frac{1}{2})$, 또는 자기 혼자 두 번 연속 화장실에 가되 각기 다른 용무를 볼 확률 $(p \cdot (1-p) \cdot \frac{1}{2}C + (1-p) \cdot p \cdot \frac{1}{2}C)$을 고려해 계산해야 한다. 그러면 아래와 같이 정리할 수 있다.

$$M_{couple} = p \cdot \frac{1}{2} \cdot C + p \cdot (1-p) \cdot p \cdot \frac{1}{2} \cdot C$$
$$= Cp(\frac{3}{2}-p)$$

이럴 때 누가 이득인지 굳이 따져보자면 그건 남자다. 여자의 힘 소비량은 0에서 $\frac{Cp}{2}$로 커졌고 남자의 힘 소비량은 $Cp(p-\frac{1}{2})$만큼만 커졌기 때문이다.

$$W : \frac{Cp}{2} - 0 = \frac{Cp}{2}$$

$$M : Cp\left(\frac{1}{2} - p\right) - 2p(1-p)C = Cp\left(p - \frac{1}{2}\right)$$

여기서 p가 $\frac{1}{2}$보다 작다면 남자의 힘 소비량은 마이너스가 된다. 물론 정상적인 위장 활동으로는 일어나기 힘든 일이다. p는 작은 일을 볼 확률이기 때문에 보통 (큰 일보다는 잦으므로) $\frac{1}{2}$보다 크기 마련이다. 어쨌거나 남녀가 커플 생활에 돌입할 때 변기 뚜껑에 관한 특별한 규칙을 세우지 않고 그냥 산다면 두 사람의 힘 소비량은 총 Cp^2만큼 증가한다.

$$\frac{Cp}{2} + Cp\left(p - \frac{1}{2}\right) = Cp^2$$

변기 뚜껑 문제를 제대로 매듭짓고 넘어갈 순 없을까? 개인적으로는 그래야 한다고 본다. 소변이든 대변이든, 각자 볼일을 보고 나서 재깍재깍 덮개를 내려놓으면 어떨까?

- 우선 여자는 내릴 일이 전혀 발생하지 않으므로 힘 소비량이 다음과 같다.

$$W_{couple} = 0$$

- 남자는 소변을 볼 때마다 덮개를 올려놓아야 하므로 다음과 같다.

$$M_{couple} = 2pC$$

이렇게 하면 남자만 힘을 더 쓰게 되니 남자가 불리하다고 느껴질 수 있다. 그럼 커플의 총 에너지 소비량은 어떨까?

- 여자는 혼자 살 때와 똑같이 살면 되고, 남자는 $2Cp^2$만큼 힘을 더 쓰게 된다.

$$2pC - 2p(1-p)C = 2p^2C$$

- 총소비량은 두 배로 뛴다.

$$Cp^2 \rightarrow 2p^2C$$

그러니 처음처럼 '그냥 사는 편'이 낫다.

하지만 커플의 총 에너지 소비량을 증가시키지 않으면서, 각자의 에너지 소비량을 보다 공정하게 조정하는 좋은 방법이 있다. 남자가 소변을 본 후 덮개를 내리지 않고 그냥 두는 빈도를 (2p-

1)로 설정하면 된다. 그럼 예를 들어 남자가 소변을 보러 갈 확률 p가 $\frac{1}{3}$일 때, 그 빈도에 해당하는 $\frac{(2p-1)}{p}$은 $\frac{1}{2}$이 된다.

$$p = \frac{2}{3}$$
$$(2p-1)p = \frac{1}{2}$$

민망하지만 그렇다고 외면하기도 힘든 문제를 잘 해결해서 원만하게 동거하고 싶다면, 남자가 '야간 방뇨 후에만' 변기 덮개를 내려주어도 충분하다.

그러니 이 글을 읽는 남성분들이 혹시 여자와 살고 있다면, 손가락 까닥하는 작은 수고로도 가정이 더 행복해질 수 있음을 기억하길 바란다. 물론 이런 연구*가 팍팍한 경제를 극복하는 데 도움을 줄 수는 없다. 하지만 복잡한 세상살이 속에 작은 재미를 주었기를 바란다.

---

* Richard Harter, A game theoritic approach to the toilet seat problem, http://www.scq.ubc.ca/a-game-theoretic-approach-to-the-toilet-seat-problem/.

12장

'수학적'으로
게임하기

속세와 인연을 끊고 산으로 들어간 게 아니라면
'포켓몬 고'에 대해 들어봤을 것이다.
그 열풍을 둘러싼 찬반 토론도 뜨거웠다.
말도 많고 탈도 많은 이 게임을 수학 공부에 활용한다면 어떨까?

2016년 여름, 포켓몬 고는 애플리케이션 출시와 동시에 사회 현상으로 떠올랐다. 다운로드 수는 신기록을 경신했고, 게이머 모임이 우후죽순 생겨났다. 일부 국가에서만 출시되었는데도 트위터보다 트래픽 양이 많았다.

이런 유행이 등장하면 비판의 목소리도 높다. 하지만 기분전환용 게임이 유해할 것까지야 있으랴. 덕분에 장시간 걷기 운동도 하지 않는가? 훌륭한 취미까진 못 되어도 평생 머리만 쓰며 살 순 없으니, 남에게 피해 주지 않고 삶을 즐기는 것에 책잡을 필요는 없다. 그런 의미에서 포켓몬 고를 이용해 수학과 친해지는 법을 소개하고자 한다. 애플리케이션 원리도 이해하고 게임도 즐기고, 꿩도 먹고 알도 먹는 방법이다.

게임을 해봤으면 알겠지만 먼저 스마트폰 GPS로 현재 위치를 설정해야 한다. 그러면 GPS는 (게임 속 포켓볼보다 훨씬 큰) 네 개 이상의 망에서 서로 겹치는 영역을 찾아낸다.

이것을 가능하게 해주는 것이 인공위성이다. 스마트폰은 여러 인공위성에서 보낸 신호를 수신하는데, 그 시차를 이용해 다음과 같이 내 위치를 계산해낸다.

- 전송 속도(빛의 속도)를 알면 각각의 인공위성과 내 위치 사이의 거리를 산출할 수 있다.
- 인공위성 위치는 이미 알려져 있다. 따라서 위에서 도출한

거리만큼 인공위성 주위를 빙 둘러 표시하면, 인공위성을 중심으로 하는 원이 하나씩 생겨난다.

• 이렇게 형성된 네 개의 원이 포개지는 지점을 찾으면 내 위치가 정확해진다.

위치와 거리에 관해서라면 애플리케이션은 아직 (이 글을 쓰는 현재 시점에서는) 우리가 발견한 포켓몬이 어느 방향에 있는지 제대로 알려주지 못한다. 포켓몬과의 거리만 알려줄 뿐이다. 우리가 원의 중심이라면 포켓몬과의 거리는 반지름이다. 그리고 포켓몬의 위치는 원주 위 어느 지점이 될지 전혀 알 수가 없다.

하지만 수학을 이용하면 이 깜찍한 포획물이 어디에 있는지 정확히 밝혀낼 수 있다. 방법은 이렇다. 스마트폰 레이더에 포켓몬이 뜨면 궤적을 이용해서 포켓몬까지의 거리를 파악한다. 이때 동심원 세 개가 300m, 200m, 100m 지점을 알려준다고 가정하자.

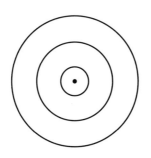

우리는 세 번째 동심원 안에 들어왔고 포켓몬을 찾아 움직인다. 그러다 갑자기 동심원이 사라져버린다면 얼른 반대로 돌아가면 된다. 하지만 방향을 바꿔도 그다음 동심원에 진입하지 못할 때는 다음 소개하는 방법을 활용할 수 있다.

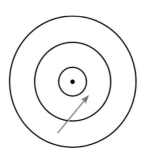

첫 번째 동심원에 닿았다면 게임은 거의 끝난 셈이다. 그러니 우리는 아무리 왔다 갔다 해도 첫 번째 동심원에 접근하지 못하는 상황이라고 가정하자.

- 이럴 때를 대비해 두 번째 동심원의 통과 지점을 미리 표시 (★)해서 기억해두어야 한다.

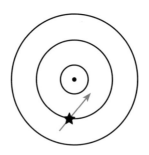

- 계속해서 걸어간다. 하지만 앞서 가정했듯 첫 번째 동심원과 좀처럼 가까워지지 못하는 상황이다. 이런 경우 우리는 자연히 두 번째 동심원을 이탈해 세 번째 동심원으로 나가게 된다. 이번 통과 지점에도 역시 표시(★)를 한다.

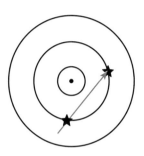

- 이제 두 표시(★) 사이 중간점을 대강 계산한다.

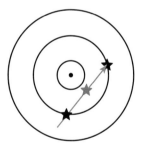

- 그 중간점에서 방향을 90°로 꺾으면 마침내 포켓몬과 정면으로 만나게 된다.

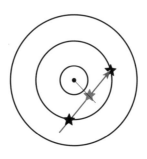

• 물론 포켓몬의 반대 방향으로 90°를 꺾었다면 두 번째 동심
원을 벗어나 다시 세 번째 동심원으로 나갈 것이다. 그럴 땐
되돌아가면 된다.

이 방법은 어디까지나 포켓몬 지도를 구하지 못한 비상사태용
이다. 인터넷을 뒤지면 종류별 지도가 넘쳐난다. 가령 프랑스 파
리에서 포켓몬을 잡을 땐 이 지도를 보면 된다.

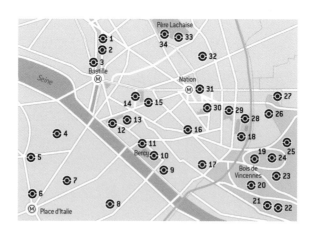

지도를 구했다면 포켓몬이 표시된 모든 지점을 최단 거리로 통과하는 최적의 루트를 짜야 한다. 안타깝게도 이것은 순회 세일즈맨 문제라는 난제와 연결되어있다. 해결책이라 할 만한 알고리즘도 몇 개 존재하고 깔끔한 해답도 없지 않지만, 계산하려면 어마어마한 시간이 든다. 어쨌든 미국 도시 몇 곳에 대해서는 최적의 루트가 이미 정리되어 있다.

지금까지 우리는 포켓몬 고를 이용해 **기하학**—덤으로 순회 세일즈맨 문제와 **조합수학**까지— 을 건드려보았다. 하지만 아직 끝이 아니다. 이 게임에는 **확률**과 **분수**도 들어있다. 체육관에서 벌이는 전투는 포켓몬의 전투력(P)에 따라 웬만큼 결정된다. 따라서 내 포켓몬이 다른 포켓몬과 싸울 때의 승률(W_1)을 어느 정도—다른 요인들도 있으므로— 는 가늠해볼 수 있다. 식은 다음과 같다.

$$W_1 = \frac{p_1}{p_1 + p_2}$$

P_1과 P_2는 대결 중인 두 포켓몬의 전투력이다. 학교 선생님이 이 글을 읽는다면, 수업시간에 포켓몬 전투력을 비교하고 최고의 전략 수립하기를 연습 문제로 삼아도 좋겠다.

끝으로 하나 더. 포켓몬 고에서는 모든 거리를 **십진 미터법**으로 표시한다. 그래서 미국 일부 도시에서는 이 게임을 통해 미국식 거리 단위(마일)밖에 모르는 아이들에게 미터법을 가르치기도 한다.

포켓몬 덕에 미국 표준 단위 체계가 미터법으로 바뀐다면 그것도 희대의 사건이 되지 않을까? 아무튼 포켓몬 고에는 기하학, 조합수학, 정보처리학에 확률까지, 모든 것이 들어있다.

포켓몬도, 수학도, 손만 내밀면 닿을 듯한 곳에 있다. 어서 잡으러 떠나보자!

13장

레알 마드리드 vs 아틀레티코, 과연 승자는?

2014년, UEFA 챔피언스리그 결승전이 열리는 리스본의 에스타디오 다 루즈 구장에서
스페인을 대표하는 양대 산맥, 아틀레티코와 레알 마드리드가 맞붙었다.
스페인 전 국민이 예의주시하며 결과를 예측했고 수학자들까지 여기에 가세했는데……

점쟁이 문어 파울이 유명을 달리한 상황. '메렝게스'에게도 '콜코네로스'에게도 치우치지 않고[*] 최대한 객관적으로 승부를 예측할 새로운 방법이 필요했다.

이 책의 후반부에는 2012년 자비에 로페즈 페나Javier López Peña와 휴고 토우쳇Hugo Touchette이 발표한 2010 월드컵에 관한 논문을 소개하고 있다. 두 사람은 선수별 인지도, 근접 중심성, 매개 중심성을 측정하는 함수와 그래프이론을 활용해 팀별 경기 스타일을 그래프로 표현했고, 각 팀의 역량을 상대 팀과 비교 분석했다. 그 결과, 스페인이 네덜란드를 꺾고 우승하리라고 멋지게 예측해냈다. 하지만 이 이론은 친구나 축구 팬끼리 모여 커피 한 잔을 놓고 수다 떨기에는 지나치게 고차원적이다.

경기의 사전 예측은 대개 이렇게까지 거창하지 않다. 더 손쉬운 측정치를 근거로 한다. 하지만 매렝게스와 콜코네로스의 전력을 어떻게 비교할 수 있을지, 이렇다 할 방법이 없어 보인다. 팬들에게 물어보면 자기 팀에 유리하게 해석할 게 당연하다. 그래서 끝나지 않는 말싸움이 되고 마는 창과 방패의 싸움을, 수학자다운 신중한 용어로 **파레토 최적**이라 부른다.

---

[*] 두 팀의 별칭이다. 레알 마드리드의 흰색 유니폼이 머랭을 닮았다 해서 '메렝게스(merengues)'라 하고, 아틀레티코는 빨간색과 흰색이 교차된 줄무늬가 옛날식 매트리스를 연상시킨다고 해서 '콜코네로스(colchoneros)'라고 부른다. ─ 원서 옮긴이주

파레토 최적은 무엇일까? 간단히 말해 어느 쪽이 더 낫다고 할수 없는 비교 불가능한 여러 가지 최적값, 가령 각 팀이 챔피언스리그에서 우승할 만한 서로 다른 강점이 존재한다는 뜻이다. 의미를 확장해서 경제학, 공학, 사회과학으로 넘어가면 남에게 피해를 끼치지 않는 선에서 효용을 높이는 변화를 **파레토 개선**이라 부르며, 남에게 피해를 끼치지 않고서는 더 이상 효용이 높아지지 않는, 즉 파레토 개선이 불가능한 지점에 이르렀을 때를 **파레토 최적 상태**라고 한다.

이 이론을 챔피언스 리그 결승전에 대입해보면 이렇다. 아틀레티코 팬에게 어느 팀이 이길지 물으면 당연히 세계 최고의 골키퍼 티보 쿠르투아가 있는 아틀레티코라고 답한다. 그런데 같은 질문을 레알 마드리드 팬에게 던지면 크리스티아 호날두야가 디에고 코스타보다 발롱도르를 두 번 더 받았으니 더 뛰어난 공격수가 아니겠냐며, 그런 호날두가 있는 레알 마드리드가 이긴다고 답한다. 그렇다. 역시 창과 방패의 대결이다.

양측 의견을 잘 모아볼 수는 없을까? 두 가지 기준을 동시에 적용해서 더 정밀한 예측을 시도해보는 것이다. 거미손 골키퍼와 스타 공격수를 하나의 그래프 위에 올려놓고 어느 팀이 유리한지 따져본다면?

1. 가로축에는 골키퍼의 역량을 표시한다. 여기서는 올해 챔피

언스 리그에서 치룬 경기 수를 총 실점으로 나누는 방법을
사용했다. 골키퍼 역량은 실점과 반비례하므로 골을 적게 먹
은 쪽에게 더 높은 점수를 부여한 것이다.

- 아틀레티코의 골키퍼, 티보 쿠르투아는 총 11개 경기를
  뛰며 6골을 허용했으므로 1.83333점을 받는다.
- 레알 마드리드의 골키퍼, 이케르 카시야스는 총 12개 경
  기를 뛰며 9번 골을 허용했으므로 1.33333점을 받는다.
- 두 값을 그래프에 표시하면 다음과 같다.

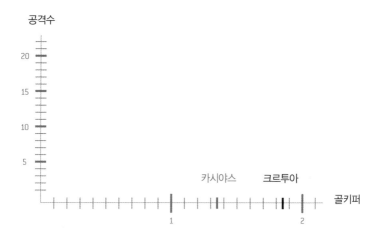

2. 세로축에는 각 팀의 스타 공격수가 챔피언스 리그에서 기록
   한 골을 표시한다. 공격수의 역량은 득점과 비례한다고 할
   수 있다.

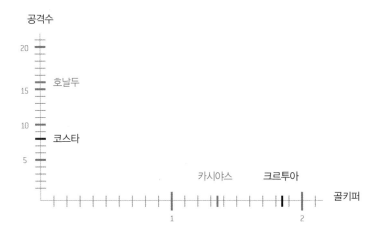

3. 이 값을 바탕으로 그래프에서 각 팀을 연결한다.

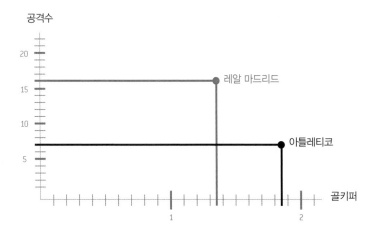

더 우위에 있는 팀은 어디일까? 그 어느 쪽도 아니다. 한 팀은

강한 공격력 덕에 높이가 높고, 다른 팀은 강한 수비력 덕에 길이가 길다. 이것이 바로 앞서 설명했던 파레토 최적이다. 파레토 최적을 보면 레알 마드리드는 다음 그림 속 빨간 직사각형 안에 좌표가 찍히는 팀과 비교할 때만 우위에 있다.

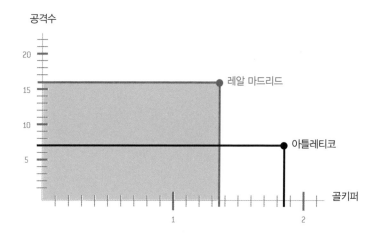

그리고 아틀레티코는 아래 그림 속 검은 직사각형 안에 좌표가 찍히는 팀과 비교할 때에만 우위를 차지한다.

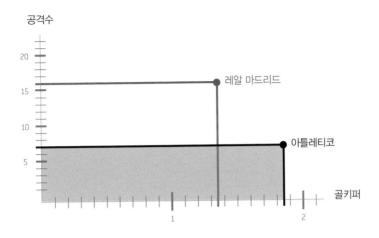

만약 여기에 두 팀을 비교할 새로운 기준을 추가하고 싶다면, 메렝게스의 전력을 나타내는 붉은 직사각형이나 콜코네로스의 전력을 나타내는 검은 직사각형이 아니라, 3차원 공간으로 넘어가야 한다. 조건이 세 개면 입체 상자와 같은 평행육면체로 표현되기 때문이다. 따라서 어느 한 팀이 다른 팀의 상자에 쏙 들어간다면, 상자가 큰 쪽이 더 강하다고 말할 수 있다.

그런 맥락에서 '감독의 자신감' 항목을 추가하면 어떨까. 잠시 생각하다가 그만두기로 했다. 이탈리아 출신과 아르헨티나 출신의 자존심 비교라니, 괜한 힘을 뺄 필요 있겠는가.

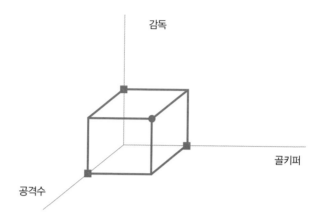

다시 파레토 최적 이야기로 돌아오자. 실질적인 비교가 불가능한 파레토 최적 상황은 여러 수치를 동시에 다루거나, 시대가 서로 다른 사건을 얘기할 때 자주 발생한다. 실업률을 논할 때도 마찬가지다. 누군가는 고용센터 등록자 수를, 또 누군가는 사회보장보험 가입자 수를, 각자 자신의 주장에 가장 잘 부합하는 자료에 방점을 둔다. 여담이지만 유리한 대로 자료를 끌어다 쓰는 가장 대표적인 곳은 축구장보다는 정치판이 아닐까? 투표 결과는 하나인데 분석은 정당마다 다르고, 아무도 패배를 인정하지 않으니 말이다. 참 좋은 기술이다.

이쯤에서 축구 이야기도 마무리해야겠다. 팬들의 환호 속에 우승컵을 들고 마드리드에 입성한 팀은 시벨레스 분수의 사자를 앞세운 레알 마드리드였을까, 아니면 포세이돈의 말이 이끄는 아틀레티코였을까? 결론을 아는 데는 며칠이 채 걸리지 않았다.

14장

길을 잃지 않으려면
인공위성 몇 개가 필요할까?

GPS는 어떻게 작동해서 내 위치를 찾는 것일까?
영화에 나오듯 모든 걸 꿰뚫는 마법의 눈 따위는 기대하지 말자.
GPS는 수학이다. 기하학을 잔뜩 동원하고 공학을 한가득 응용해야 작동한다.

누구나 GPS를 사용한다. 지구 어디서나 내 위치를 빠삭하게 꿰는 요 조그만 기계 시스템이 인공위성과 관련 있다고 짐작한 적이 있을 것이다. 그렇다면 잘 짚었다.

이제껏 지구에서 발사한 위성 수는 60개가 넘고, 2014년 6월 기준으로 사용 가능한 위성 수는 31개나 된다. **GPS 시스템**이라 하면 미국이 운용하는 스물네 개의 위성을 가리키지만 핸드폰을 켜면 또 다른 위성들이 탐색 될 수 있다. 러시아가 개발한 **글로나스**GLONASS **위성항법 시스템**도 존재하기 때문이다. 어느 쪽을 이용할지는 취향의 문제로 남겨두고, 우리는 우리의 논점에 주목하자.

"인공위성은 어떻게 매 순간 우리 위치를 알아내는 것일까?"

답은 생각보다 간단하다. 인공위성은 위치가 분명하다. 우리 핸드폰이 여러 인공위성 중 하나를 잡아내면 핸드폰과 인공위성은 서로의 시간을 동기화한다. 그 결과 우리는 위성 신호가 도달하는 데 걸린 시간을 알 수 있고, 또한 신호의 속도는 빛의 속도와 같으므로 해당 위성과 우리 사이의 거리가 나온다. 여기까지는 이해했으리라 믿는다.

따라서 우리가 어떤 위성을 탐지했다는 것은 역으로 그 위성도 우리가 얼마나 떨어진 곳에 있는지 파악했다는 뜻이다. 물론 이것만으로는 정확한 위치를 알 수 없다. 내가 어떤 사람과 100m 거리에 떨어져 있다고 하자. 여기서 100m는 '사방 100m'를 뜻할 뿐 그 이상도 그 이하도 아니다. 그저, 나를 중심으로 반지름 100m짜리 원을 그렸을 때 그 둘레 중 어딘가에 그 '어떤 사람'이 존재한다는 뜻이다.

따라서 우리가 알 수 있는 것은 나를 중심으로 하는 반지름 100m짜리 구(삼차원)를 그렸을 때, 상대가 그 겉면 어딘가에 존재한다는 사실뿐이다. 그리고 그도 (외계인이 아닌 다음에야) 지구상에 살고 있을 테니 분명 '지구라는 구'(완벽하게 둥글진 않지만 어쨌든)와 '나를 중심으로 하는 반지름 100m짜리 구'가 겹치는 공간 내에 존재할 것이라는 예측이다. 여기서부터 모든 추론이 시작된다.

다시 말해 하나의 인공위성으로는 위치를 파악할 수 없고 여러 개가 있어야만 한다. 그렇다면 정확히 몇 개가 필요할까? 답을 찾기 위해 우리가 지구상에 있다는 사실은 잠시 잊어두기로 하자.

1. 어떤 인공위성과 우리 핸드폰이 서로 동기화하면, 인공위성은 자신을 중심에 두고 우리와의 거리를 반지름으로 설정한다. 그리고 그 구체 속에 우리가 존재한다고 추론한다.

2. 우리가 두 개의 인공위성과 동기화하면, 두 위성은 각각 자기를 중심으로 하는 구체 속에 우리가 존재한다고 추론할 것이고 따라서 우리는 이 두 구체가 겹쳐지는 공간 속에 존재

한다고 결론지을 수 있다. 이런 조건에서 두 구체가 겹쳐지는 공간은 원주 형태를 띤다.

3. 아직도 정보가 부족하다. 원주만으로는 너무 광범위하기 때문이다. 여기에 인공위성을 하나 더 추가하자. 그러면 앞의 상황과 똑같이 이 인공위성을 중심

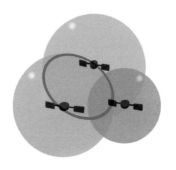

으로 하고 우리와의 거리를 반지름으로 하는 세 번째 구체가 생긴다. 그리고 우리 위치의 범위는 세 개의 구체가 겹치는 공간으로 좁혀진다. 이때 세 구체가 겹쳐지는 공간이란 점 두 개에 해당한다. 점 두 개라니. 점점 답에 가까워지고 있다.

4. 이쯤에서 우리가 지구인이라는 사실을 떠올리며, 둘 중 지구상에 찍힌 점을 골라내면 해결된다고 생각하기 쉽겠지만, 그리 쉽게 끝날 문제가 아니다. 찾으려는 지점의 해발 고도를 아직 모르기 때문이다. 더욱 섬세하게 위치를 파악하고 GPS와 인공위성이 시간을 동기화할 때 생기는 오류를 막기 위해

서는 최소 네 개의 인공위성이 필요하다. 바로 이 네 번째 위성 덕분에, 우리는 앞서 세 개의 위성을 통해 추려낸 두 점 중 최후의 하나를 가릴 수 있다. 드디어 위도, 경도, 고도라는 정확한 위치 좌표를 찍을 수 있게 되는 것이다.

자, 여기까지다. GPS를 찍든 동네 사람에게 물어보든, 아무쪼록 길은 잃지 않길 바란다. 그리고 원한다면 언제든 다시 이 책을 펼쳐 방법을 확인해도 좋다.

덧붙이는 말

이 글을 쓰기 얼마 전 카탈루니아 이공과대학 교수이자, 계산기하학 분야 스페인 최고 권위자인 페란 우르타도Ferran Hurtado 선생님의 부고를 전해 들었다. 그는 나의 친구이기도 했다. 나처럼 마음의 갈피를 잃은 사람들을 위한 GPS는 아직 개발되지 않았다. 그저 이 자리를 빌려 그에 대한 존경과 감사를 전할 따름이다. 기하학 연구를 함께한 최고의 동료였다고. 그리고 내가 진심으로 무척 사랑했다고. "페란, et trobaré a faltar.*"

---

* "당신이 그리울 거예요."(카탈루냐어) — 옮긴이주

15장

쓰나미가 밀려오면
어디로 가야 할까?

쓰나미는 먼바다에서 훨씬 빠르고
해안에서는 더 위력적이다. 왜 그런 것일까?
역시, 이번 답도 수학 속에 들어있다.

2004년 크리스마스, 인도양 앞바다
를 휩쓴 무시무시한 쓰나미를 기억할 것이다. 영화 〈더 임파서블
The Impossible〉에서 재현한 것으로도 부족해, 2011년 일본에서 다시
금 반복됐다. 거대 쓰나미의 원인이 바다에서 발생한 지진 때문
이라는 것은 익히 알고 있지만, 꼬리를 무는 궁금증은 어쩔 수 없
다. 바다에서 지진이 나면 항상 처참한 결과를 유발하는 것일까?
쓰나미는 얼마나 빨리 이동할까? 최대 높이는 얼마일까?

첫 질문에 대한 답은 '아니오'이고, 나머지 두 질문의 답은 '그때
그때 다르다'이다. 어떻게 다른지는 지금부터 살펴보자.

우선, 쓰나미가 발생하려면 바닷물이 이동해야 한다. 지진으로 해저가 수직 이동하고, 이러한 해저 지형 변화에 따라 바닷물이 다량으로 밀려들고 밀려나야 한다. 다시 말해, 지질구조판 두 개가 수평으로 움직이다가 서로 포개지면 해저의 수직 이동이 불가능하기 때문에 쓰나미는 발생하지 않는다.

운석 충돌도 원인이 될 수 있다. 유카탄반도 근처에 떨어진 운석으로 공룡시대가 막을 내리게 되었을 때의 파고는 100m로 추정된다. 운석 충돌에 의한 해일치고는 평범한 규모다.

그렇다면 해일은 얼마나 빠르게 이동할까? 여기에 대해서라면 이미 답이 존재한다. 해당 지점의 수심에 중력을 곱한 후 **제곱근**을 찾으면 된다.

$$v = \sqrt{gh}$$

계산해보면, 먼바다에서 쓰나미는 시속 $600km$를 넘는 엄청난 속력을 낸다. 바다 한가운데서 나를 향해 밀려오는 쓰나미를 발견한다면 날개를 달아도 빠져나갈 수 없다는 뜻이다.

그럼 어떻게 해야 살 수 있을까? 답을 들으면 묘하다고 생각할 것이다. 그냥 가만히 있으면 된다. 아무것도 할 필요가 없다. 실은 그때야말로 쓰나미로부터 가장 안전한 순간이다. 속력은 대단하지만 물마루 사이 간격이 수백 킬로미터에 달할 만큼 널찍하고, 파고는 겨우 1m 수준이기 때문에 전혀 걱정할 필요가 없다.

하지만 해안에서는 얘기가 달라진다. 우선, 속도부터 현저히 떨어져서, 위 공식에 대입해볼 때 시속 $100km$에도 못 미치는 경우가 많다. 둘째로, 쓰나미 에너지의 **산일 현상**이 발생한다. 먼바다에서는 파고가 낮은 대신 물마루 간격이 넓고 속도가 엄청나기 때문에 쓰나미의 총 에너지가 어마어마하다. 그런데 해안에 도착하면 파도가 부서지면서 에너지가 대부분 손실되고 만다. 천만다행이 아닐 수 없다. 하지만 안타깝게도 이것이 유일한 희소식이다.

해안에서 속도가 급감하고 물마루 간격이 대폭 줄어드는 것은 사실이다. 그러나 달리 말하면 두 물마루 사이, 수백 킬로미터 간

110

격을 메우던 바닷물이 순식간에 수십 킬로미터 폭으로 밀려들며 켜켜이 쌓인다는 뜻이기도 하다. 당연히 파고는 최소 열 배 이상 높아지고, 어마어마한 양의 바닷물이 10~20m짜리 물 벽이 되어 시속 약 100㎞로 해안을 덮친다.

그나마 다행이라면 (파고가 정말로 높지 않은 이상) 쓰나미가 해안에 부딪혀서 부서지는 일은 없다는 것이다. 밀물 때나 강물이 불어났을 때처럼 땅을 적시고 잠기게 할 뿐이니 도망만 치면 살 수 있다.

이만하면 기본 정보는 다 전한 듯하다. 그러니 이제 연안 바닷물이 갑자기 빠져나가거나 수면이 낮아지거나, 어떤 징조로든 쓰나미가 밀려온다 싶을 때는 앞뒤 재지 말고 땅으로 올라와 도망치기를 바란다. 여의치 않으면 아예 먼바다로 뛰쳐나가도 좋다. 단, 절대로, 무슨 일이 있어도, 해변만큼은 벗어나야 한다!

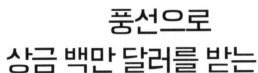

16장

풍선으로
상금 백만 달러를 받는 방법

혹시 여러분은 풍선공예의 매력을 알고 있는가?
길쭉한 풍선을 몇 번만 뱅뱅 꼬면 못 만드는 게 없다.
그런데 잠깐. 정말로 못 만드는 것이 없을까?
쾨니히스베르크에서 그 답을 찾아보자.

       기다란 풍선으로 강아지와 돛단배,
온갖 모양을 뚝딱 만드는 재주를 보면 꼭 어린아이가 아니라도 손
뼉을 치게 된다. 바로 풍선공예라는 것이다. 물론 모두의 탄성을
자아내려면 풍선이 터지지 않도록 하는 나름의 기술과 함께 라밤
바를 출 만한 약간의 흥이 있어야 한다. 그리고 하나 더, 수학이
필요하다. 그렇다. 앞서 페이스북을 믿으면 안 되는 이유와 예방
접종이 꼭 필요한 이유를 설명할 때 등장했던 그 이론이다. 놀랍
게도 풍선공예는 오늘날 빠지는 곳이 없을 만큼 곳곳에 활용되는
그래프이론과 관련이 있다. 심지어 그래프이론이 시작된 수수께끼
와도 밀접하다.

그래프이론은 집배원의 배달 경로를 설정하는 데 적용할 수 있고, 환경미화원의 노선 설정에도 유용하다. 그 기원을 밝히자면, 1736년 스위스 수학자 레온하르트 오일러Leonhard Euler가 쾨니히스베르크 시민들의 문제를 풀어주면서부터 시작됐다. 쾨니히스베르크는 오늘날 칼리닌그라드라 불리는 도시로 프레겔강 하구에 있는데, 이곳에는 다음 그림처럼 일곱 개의 다리가 있었다.

어느 날, 누군가 이런

쾨니히스베르크

수수께끼를 던졌다.

"쾨니히스베르크의 한 지점에서 출발해서
프레겔강의 일곱 다리를 단 한 번씩, 모두 건널 수 있는가?"

쾨니히스베르크의 다리 건너기라는 이름으로 잘 알려진 이 수수께끼는 오일러에 의해 해결되었고 다음 질문을 푸는 데도 기여했다.

"종이에서 펜을 떼지 않고
한 번에 그릴 수 있는 도형은 어떤 조건을 갖추어야 하는가?"

오일러의 답은 명쾌했다. 단번에 그릴 수 있는 도형은 두 개 이상의 교차점과 그 사이를 잇는 두 개 이상의 선으로 이루어진다. 그 교차점은 꼭짓점, 선은 모서리라고 부르기로 하자. 이때 종이에서 펜을 떼지 않고 도형을 그려내려면 모든 꼭짓점이 짝수의 모서리를 갖거나, 단 두 개의 꼭짓점만 홀수의 모서리를 가져야 한다. 따라서 꼭짓점이 둘 이상이고 모서리가 홀수인 쾨니히스베르크의 다리들은 한붓그리기가 불가능하다는 결론이 나왔다. 실제로 쾨니히스베르크 그래프 속 모든 꼭짓점은 홀수 개 모서리를 가진다.

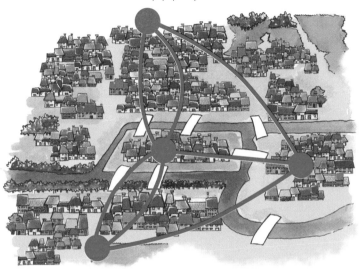

쾨니히스베르크

이렇게 꼭짓점과 모서리로 이루어진 다이어그램을 그래프라 부른다. 그중에도 모든 꼭짓점이 짝수 개 모서리를 갖는 그래프는 이 이론의 창시자 이름을 따서 **오일러 그래프**가 되었다. '세상에서 가장 아름다운 공식'이라는 **오일러 항등식**도 오일러의 작품이다. 하지만 이 이론이 풍선으로 만들 수 있는 동물 종류와 무슨 상관이 있을까? 지금부터 살펴보자.

풍선공예는 그래프로 쉽게 대치할 수 있다. 풍선을 비틀어 꺾은 지점은 꼭짓점이 되고, 기다란 풍선 덩어리는 꼭짓점 사이 모서리가 된다.

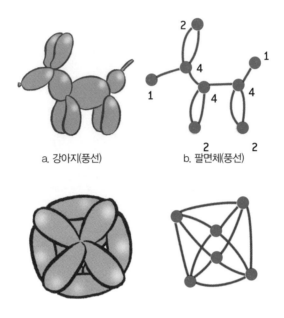

a. 강아지(풍선)

b. 팔면체(풍선)

따라서 그래프로 표현했을 때 홀수 개 모서리를 가진 꼭짓점이 두 개를 넘지 않으면 (절대 두 개를 넘어선 안 된다) 그 도형은 풍선으로 만들 수 있다(풍선의 양끝은 서로 묶거나 다른 꼭짓점에 연결할 수 있다). 풍선으로 만든 일반적인 모양의 강아지를 그래프로 바꿔보자. 그럼 모서리가 홀수 개인 꼭짓점은 주둥이와 꼬리, 단 두 개 뿐이다.

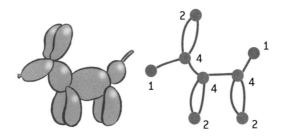

에릭 드메인Erik Demaine과 그의 아들 마르틴 드메인martin Demaine, 그리고 젊은 수학자 비 하트Vi Hart는 이런 형태를 연구해 공동논문 *을 발표했다. 그리고 논문에서 아래와 같은 몇 가지 새로운 문제를 제기했다.

"어떤 도형을 만들 때 풍선이 하나로 부족하다면
필요한 풍선은 총 몇 개인가?"

이 문제도 홀수 개 모서리를 가진 꼭짓점이 몇 개인지에 달려있다. 그 개수를 p라고 하면 (p는 항상 짝수이므로) 필요한 풍선 개수는 $\frac{p}{2}$이다.

비록 이 질문이 알쏭달쏭해 보여도 수학적으로 접근하면 간단

---

* Erik D. Demaine, Martin L. Demaine and Vi Hart, 《Computational Balloon Twisting : The Theory of Balloon Polyhedra》, http://erikdemaine.org/papers/Balloons_CCCG2008/paper.pdf.

히 해결된다. 하지만 드메인 부자와 비 하트가 논문에 밝힌 다른 결론들은 그보다 훨씬 복잡했다. 다음을 살펴보자.

"꼭짓점 사이 간격과 풍선 총 길이에 제약을 두어도
도형을 만들 수 있는가?"

여기에 대해 세 사람이 밝혀낸 것은 컴퓨터를 동원해도 풀기 힘들다는 사실이었다. 무려 **NP-완전** 영역에 속하는 문제이기 때문이다. NP-완전은 **P-NP문제**와 밀접하게 얽혀있는데, P-NP문제는 오늘날 수학 및 계산 분야의 미해결 난제로 유명할 뿐 아니라 클레이 수학연구소에서 백만 달러 상금을 내건 밀레니엄 문제 중 하나다.

자, 구미가 당기지 않는가? 풍선도 잘만 만지작거리면 백만 달러 상금을 탈 수 있다. 당연히 세계적 명성까지 덤으로 따라올 것이다!

17장

줄 서기만 잘해도
월가에 입사할 수 있다고?

줄서기만 잘해도 월스트리트에 입성할 수 있다.
그 놀라운 비법을 지금부터 공개한다.

세상 수많은 일이 월가의 몇 안 되는 엘리트들의 손에서 결정된다. 월가에 입성한다는 건, 그 개인에게도 경력의 정점을 찍는 일이 틀림없다. 명성에 걸맞게 회사들은 까다롭기 짝이 없는 질문으로 지원자를 걸러내는데, 당연한 말이지만 고급 수학을 모르고는 여기에 답하기란 어렵다.

한번은 영화표를 사려고 줄을 서다가 세계적인 규모와 영향력을 자랑하는 모건 스탠리의 입사시험 문제가 생각났다.

"사람들이 극장 매표소 앞에 줄 서 있다. 그때 영화관 직원이 나와서
모두 자리를 바꿔서 새로 줄을 서달라고 요청한다.
그리고 앞사람과 같은 날 태어난 첫 번째 관객에게
무료입장을 약속했다. 당신이라면 어느 자리에 서겠는가?"

이 흥미진진한 퀴즈를 생각할 때면 함께 떠오르는 것이 있다. **생일의 역설**이다. 생일의 역설이란, 총 n명이 있을 때 같은 날 태어난 사람이 둘 이상 존재할 확률을 찾는 문제다. 답을 구하기 위해서는 **여집합**을 이용하면 훨씬 쉽다. 다시 말해, 생일이 같은 사람이 한 명도 없을 확률을 구해 1에서 빼주면 된다.

- 예를 들어 두 사람이 있을 때(n=2) 생일이 다를 확률은 다음과 같다. 단, 윤년은 고려하지 않는다.

$$\frac{364}{365}$$

이 정도 확률이라면 1이나 다름없다. 본래 확률이란, 사건이 절대 발생하지 않는 0과 사건이 반드시 발생하는 1 사이의 값이다.

- 만약 사람이 세 명이면(n=3) 확률을 곱하면 된다.

$$\frac{364 \times 363}{365 \times 365}$$

이런 방식으로 같은 날 태어난 사람이 한 명도 없을 확률을 구한 후, 1에서 그 값을 차감해 여집합을 구하면 우리가 찾던 값이 나온다. 총 n명이 있을 때 생일이 같은 사람이 둘 이상 존재할 확률을 P(n)이라고 하면 아래와 같이 계산할 수 있다.

$$P(1) = 0$$
$$P(2) = 1 - \frac{364}{365}$$
$$P(3) = 1 - \frac{364 \times 363}{365 \times 365}$$

$$\vdots$$

이 확률을 그래프로 표현하면 다음과 같다.

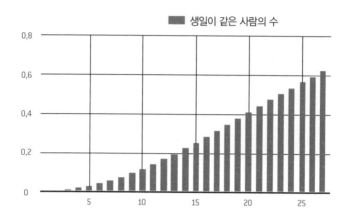

겨우 스물다섯 명만 있어도 같은 날 태어난 사람이 둘 이상 될 확률은 50%를 넘는다. 눈을 의심치 않을 수 없다. '역설'이라는 이름이 무색하지 않다. 하지만 우리 관심사는 생일의 역설이 아니라 영화관 무료입장이라는 것을 잊지 말자. 그러려면 줄을 설 때 나와 내 앞사람 생일은 반드시 겹쳐야 하고, 우리 앞까지는 아무도 생일이 겹쳐서는 안 된다. 그래야 내가 생일이 겹치는 첫 번째 사람이 될 수 있다. 따라서 각 자리를 n이라고 할 때 우리가 찾아야할 확률은 다음과 같다.

$$P(n) - P(n-1)$$

- P(n)은 처음 n명 중 생일이 겹치는 사람이 존재할 확률이다.
- P(n-1)은 내가 n번째 자리에 있을 때, 나보다 먼저 생일이 겹치는 사람이 존재할 확률이다.

몇 번의 계산을 거치고 앞의 그래프를 참고하면 우리가 구하려는 함수를 다음과 같이 표현할 수 있다.

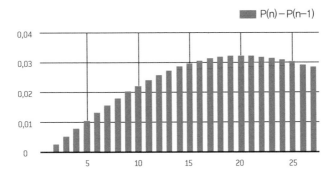

확률은 스무 번째 자리에서 0.03231985755로 가장 높게 나타난다. 압도적인 가능성은 아니지만, 최곳값은 분명하다. 정확히 말해 우리 관심사는 영화관 무료입장보다 월가나 증권가에 들어가는 기회 아니던가? 그럴 때 필요한 것은 힘보다 수학이라고 감히 확신한다. 아니, 어쩌면 수학이야말로 힘 그 자체일지도 모른다.

18장

주식 투자를 하기 전에
주사위부터 던져보자

살다 보면 간혹, 아니 생각보다 자주 찾아오는 고민이 있다.
현재에 만족할 것인가, 아니면 위험을 무릅쓰고 한 번 더 도전할 것인가?
특히 주식 투자를 고민 중이라면 지금부터 소개할 초간단 게임을 기억해두자.

어른이 되면 누구나 끊임없는 기로에 선다. 선택에 따라 삶은 나아지기도, 혹은 퇴보하기도 한다. 그러고 보면 정치인들도 골치가 아플 만하다.

잠시 쉬어가면 어떨까? 머리 좀 식힌다고 나무랄 사람은 없으니, 간단한 게임을 하나 소개하겠다. 이 게임은 한 판에 12달러를 내야 하고 규칙은 다음과 같다.

- 각 면에 1부터 20까지 숫자가 하나씩 적힌 이십면체 주사위가 있다.
- 이 주사위를 던져 나온 숫자만큼 1달러 지폐를 받는다.
- 결과가 마음에 들지 않으면 1달러를 더 내고 다시 던질 수 있다.

결론적으로 주사위를 새로 던지면, 상금에서 1달러를 차감한 채 다시 시작하는 것이다. 그리고 계속 할 것인지, 멈출 것인지 한 번 더 고를 기회가 생긴다.

그렇다면 어떤 상황에서 멈추고, 어떤 상황에서 계속 도전해야 할까? 첫판부터 20이 나온다면 두말할 것도 없이 최고 수익이 보장된다. 하지만 그렇지 않다면 곰곰이 따져볼 필요가 있다. 한낱 주사위 놀이 같지만, 이 간단한 문제를 파고들면 뜻밖에도 주식 투자 같은 복잡한 원리와 만난다. 실제로 주식 투자에서는 이 게임과 비슷한 선택이 끊임없이 일어난다. 더 해볼만한지, 아니면 이쯤 멈추고 수익(또는 손실)을 확정 지을지 매 순간 결정해야 한다.

구체적으로 무얼 어떻게 해야 할까? 분석을 위해서는 두 가지 원칙을 기억해야 한다. 첫째, 이상하게 들릴지 모르지만 우리 목표는 매 순간 수익을 최대화하는 데 있다. 따라서 지금까지의 결과는 조금도 중요하지 않다. 주사위를 계속 던지느냐 마느냐는 전적으로 바로 직전 주사위 값에 달렸고, 현재까지 총 얼마를 투자했느냐(또는 잃었느냐)와 아무 상관없다.

두 번째 원칙은 좀 복잡하지만 더 직관적이다.

- 가장 단순한 경우부터 생각해보자. 말했듯이 주사위를 던져 20이 나올 때는 즉시 게임을 멈추고 20달러를 받아야 한다. 더 해봤자 수익을 높일 수 없기 때문이다. 아무리 잘 되어도 한 번 더 20이 나오는 정도인데, 주사위를 새로 던진 이상 상금은 1달러가 차감되어 19달러로 줄어든다.
- 19가 나와도 역시 멈춰야 한다. 한 번 더 던진들 20보다 큰 수는 나올 수 없고, 상금은 19달러 이상 받을 수 없기 때문이다.
- 하지만 18부터는 애매하다.

몇 번 머리를 굴려보면 두 번째 원칙이 정리된다. 그렇다. 기준으로 삼을 '목표치'가 있어야 한다. 수익이 미리 정한 수준보다 높게 나오면 바로 게임을 멈추고, 낮게 나오면 1달러를 더 투자해 재도전하면 된다. 이 기준점을 찾는 것이 관건이다.

슬슬 재미가 붙어 가니 **방정식**과 **미분**으로 속도를 높여보자. 지레 겁먹을 필요는 없다. 아주 기초적인 계산만 하면 된다. 목표치를 U로 놓고, 주사위 값이 U보다 크면 게임을 멈추고 작으면 계속 이어나가기로 한다. 이때 우리가 기대할 수 있는 상금은 얼마일까?

계산을 간단히 하기 위해 게임을 시작할 때 12달러를 냈다는 생각은 잠시 접어두자. 그냥 단순하게, 바로 직전 결과가 12달러보다 높으면 계속 도전하고 그렇지 않으면 멈추기로 한다. 기준점이 생기면 기대 수익은 다음과 같이 계산할 수 있다.

1. 기준점이 U일 때의 평균 기대 수익을 E라고 한다.

2. 주사위를 던져 U 이하가 나올 경우

   - 확률은 (U보다 작거나 같은 값이 총 U개 존재하므로) $\frac{U}{20}$이다.

   - 기대 수익은 (이미 재도전이 확정되었으므로) (E-1)달러다.

3. 주사위를 던져 U보다 큰 값이 나올 경우

   - 확률은 $\frac{20-U}{20}$이다.

   - 기대수익은 (상금이 U+1과 20 사이에서 확정된 상태이므로) 정확히 U+1과 20의 평균값이다.

$$\frac{20+(U+1)}{2}$$

4. 따라서 기준점이 U일 때 기대 수익은 주사위를 던져 나온 값과 그 값이 나올 확률을 곱해서 구할 수 있다.

$$E = \{(E-1) \cdot \frac{U}{20}\} + \{\frac{20+(U+1)}{2} \cdot \frac{20-U}{20}\}$$

5. 이제 고비는 넘겼으니 식을 정리해보자.

$$E = \frac{420-U^2-3U}{40-2U}$$

6. 여기서부터는 두 가지 방법이 있다. 함수를 미분하여 최댓값을 구하는 방법과 1부터 20까지 숫자를 하나씩 U에 대입해서 E가 최대인 경우를 찾는 방법이다. 어느 방식을 따르든 결과는 같다.

$$U = 14$$

따라서 주사위를 던져 15 이상이 나오면 수익을 확정 짓고, 그 아래로는 1달러씩 지불하면서 계속 게임을 이어가면 된다.

그럼 U가 딱 14일 때 기대 수익은 얼마일까? 위 공식의 U 자리에 14를 대입하면 알 수 있다.

$$E = 15.167$$

(정확히 말하면 $E = 15+\frac{1}{6}$ 이다)

게임을 시작할 때 낸 돈이 12달러이므로 아직은 도전해볼 만하다. 15 이상 나올 때까지 재도전하자는 전략을 따른다면 상금은, 15.167 - 12 = 3.167달러를 기대할 수 있겠다. 투자 대비 27%에 가까운 수익률이다! 이만하면 만족스럽다.

이제 주식 투자를 위한 준비는 마쳤다. 마음 단단히 먹고, 제때 손을 털고 나올 수 있기를! 성공을 기원한다.

19장

비둘기, 머리카락, 그리고 의자

마드리드 거주자 중 머리카락 개수가 똑같은 사람이 둘 이상 있을까, 없을까?
이런 질문을 받는다면 '틀림없이 있다'에 아낌없이 한 표를 던져라.
물론 남의 머리카락을 올올이 세는 취미 따위는 없겠지만,
비둘기집의 원리를 알면 굳이 세지 않아도 알 수 있다.

산다는 것이 그렇듯 때론 수학에서
도 별것 아닌 일이 심오한 결과를 낳고 오래도록 즐거움을 준다.
스페인 유명 가수 후안 마누엘 세라도 장미가 주는 소소한 기쁨
을 노래하지 않았던가? 이와 비슷한 맥락에서 우리는 19세기 독
일 수학자 존 페터 구스타프 르죈 디리클레Johann Peter Gustav Lejeune
Dirichlet를 빼놓을 수 없다. 그가 남긴 **비둘기집의 원리**를 안다면 말
이다.

사실 비둘기집의 원리는 너무 당연한 이야기라 오히려 당황스
럽다.

"비둘기가 비둘기집 구멍보다 많으면
비둘기가 두 마리 이상 들어간 구멍 하나는 반드시 존재한다."

'애걔, 겨우 이걸 이론이라고……' 이렇게 생각할 사람도 분명
있을 것이다. 그럴 만도 하다. 그래서 당연해 보인다고 미리 귀
띔하지 않았던가. 그렇지만 이 사실을 처음 공식 발표한 사람은
구스타프 디리클레다.

'비둘기가 비둘기집 구멍보다 많을 때 비둘기가 두 마리 이상
들어간 칸이 생길 수밖에 없다'는 것은 조금만 생각하면 누구나
쉽게 알 수 있다. 그런데도 지금 우리가 두말하면 잔소리 같은 이

론을 책에 할애하고자 하는 까닭은 처음에도 말했듯 이 원리에서 매우 다양하고 유용한 결론이 도출되기 때문이다. 그중 몇 가지만 함께 살펴보자.

비둘기와 비둘기집 이야기부터 정리하자. 비둘기가 총 10마리 이고 구멍이 3개라면 비둘기가 3마리 이하인 구멍이 반드시 하나 는 존재한다. 여기까지는 어렵지 않다. 그렇지 않고 비둘기가 구 멍 3개에 4마리 이상씩 들어가려면 최소 12마리는 필요할 테니 말이다.

일반적으로 n개의 물건을 세 상자에 나눠 담으면 물건이 n/3개 이하인 상자가 하나는 발생한다. 단, n/3이 정수로 떨어지지 않는 다면 소수점 이하를 버리고 생각해야 한다. 그러니까 100개의 물 건을 상자 세 개에 나누어 담으면 물건이 33개 이하인 상자가 하 나는 생긴다. 그렇지 않고 만약 상자마다 물건이 34개 이상이라면 물건이 총 100개를 넘어간다. 상자든, 비둘기집 구멍이든, 이 자명 한 원리를 활용하면 미술관 보안 체계도 효율적으로 확립할 수 있 다. 놀랍지만 사실이다.

더 기발한 추론도 가능하다. '마드리드에 머리카락 개수가 똑같 은 사람이 반드시 둘 이상 산다'는 사실도 확인할 수 있다. 마드리 드 인구는 3백만이 넘고, 사람의 머리숱은 최대 20만 올 정도 되 기 때문이다. 쉽게 이해되지 않는다면, 각자 자기 머리카락 개수 가 적힌 팻말을 들고 서 있다고 상상해보자. 사람 수는 3백만 명인데, 이들이 가질 수 있는 머리카락 개수는 0부터 20만까지다. 중복되는 숫자를 든 사람이 최소한 한 명 이상 생길 수밖에 없다.

호기심이 생긴다면 커피 모임에도 적용해보자. 총 10명이 모여 서로에게 인사를 건넸을 때, 인사 나눈 횟수가 같은 사람은 반드시 두 명 이상 존재한다. 어떻게 알 수 있을까? 아무에게도 인사 하지 않은 사람과 모두에게 인사한 사람이 동시에 존재할 수 없기 때문이다. 인사를 받은 적 있는 사람의 수는 이렇다.

- 만약 인사를 전혀 건네지도 받지도 못한 숙맥이 존재한다면 {0, 1, 2, 3, 4, 5, 6, 7, 8}이 되고,

- 그런 숙맥이 이번 모임에 불참했다면 {1, 2, 3, 4, 5, 6, 7, 8, 9}가 된다.

각자 자기가 인사 나눈 횟수에 해당하는 숫자판을 들고 서 있다 고 가정했을 때 숫자판은 총 9개이고 사람은 10명이다. 비둘기가 비둘기집 구멍보다 많을 때와 마찬가지다. 그러므로 인사 나눈 횟 수가 동일한 사람은 적어도 두 명 이상 존재한다.

이런 문제는 어떨까? 자연수 1~11 중 일곱 개를 무작위로 고르 면 두 수의 합이 12가 되는 경우가 발생한다. 아니, 이건 또 어떤 원리일까?

- 자연수 1~11을 상자 여섯 개에 나누어 담기로 하자. 이때 상 자 속 숫자의 합이 12가 되도록 만들면 다음과 같다.

| 2+10 | 3+9 | 4+8 | 5+7 | 1+11 | 6+6 |

- 이제 숫자 일곱 개를 고를 차례다. 상자는 여섯 개뿐이므로 한 상자에서 두 숫자를 모두 꺼내는 경우가 반드시 한 번은 생긴다. 이만하면 설명은 충분하리라 믿는다.

지금까지 우리는 비둘기집 원리를 활용해 몇 가지 간단한 예를 살펴보았다. 이밖에도 수학자의 맘을 설레게 하는 참신한 사례는 무궁무진하다. 물론 꼭 수학자들만 설레라는 법은 없다.

개인적으로 가장 감탄했던 사례는 '공(구체)에 점을 다섯 개 찍으면 그중 네 개가 항상 같은 반구에 존재한다'는 증명이다. 터무니없이 들리겠지만 분명한 사실이다.

- 일단 점을 두 개 찍고 이 두 점과 구체의 중심을 동시에 지나는 평면을 머릿속에 그려본다.
- 이 평면을 따라 구체를 잘라내면 두 개의 반구가 생긴다. 적도를 설정했다고 생각해도 좋다.
- 그렇다면 이제 찍어야 할 점이 세 개가 남아 있는데 반구는 두 개뿐이므로……. 결과는 자명하다. 단, 적도에 찍힌 점은 반구 두 쪽에 모두 속한 것으로 본다. 근사하지 않은가?

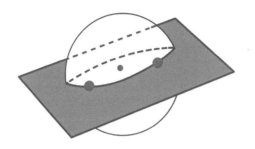

이뿐 아니다. '사람이 366명만 모이면 같은 날 태어난 사람이 둘 이상 존재한다'는 것도 비둘기집의 원리를 통해 확인할 수 있다. 하지만 생일에 관해서라면 '57명만 모여도 같은 날 태어난 사람이 둘 이상 존재할 확률은 99%를 넘는다'는 이른바 생일의 역설이 훨씬 더 충격적일 테고, 이미 앞에서 설명한 바 있으므로 여기서는 넘어가겠다.

끝으로 카페에 앉아 수다 떨기 좋은 주제를 하나 던져보겠다. 황당무계한 소리로 들리진 않을 것이다.

"의자 열두 개를 한 줄로 세워놓고 아홉 명이 마음대로 골라 앉으면
사람 세 명이 연속으로 앉는 구간이 반드시 존재한다."

시간이 허락한다면, 모든 경우의 수를 일일이 확인해보는 것도 좋다. 하지만 그렇지 않다면 비둘기와 비둘기집을 떠올려 보길 바란다.

20장

참이냐, 거짓이냐,
기준이 문제로다

우리는 완전히 객관적이라고는 할 수 없는 정보 속에서 살아간다.
사실을 있는 그대로 계량화할 만한 적당한 도구가 없어서다. 하지만 때로는
정확한 도구가 있음에도 굳이 왜곡된 정보를 퍼뜨리는 얄궂은 일도 벌어진다.

요즘 같은 시대, 특히나 정치인들의 말이 끊임없이 언론을 떠들썩하게 할 땐, 이러저러하다는 말을 누가 하는지에 따라 심각한 문제처럼 보이고 혹은 세상 평안해지기도 하다.

가끔은 누구 말을 믿어야 할지, 어느 장단에 맞춰야 할지 도통 알 수가 없다. 물론 그런 얘기를 하려는 것은 아니다. 실업률을 객관적으로 측정할 맞춤형 온도계나 그로 인한 사회적 파장을 예측할 지진계가 존재하지 않는다는 건 분명하게 안다. 그러나 정확한 장비를 갖추는 것만큼이나 측정치를 바르게 해석하는 능력도 중요하다. 현재 기온을 잴 온도계와 지구의 신음을 진단할 지진계가

넘쳐남에도 우리는 애써 아무렇지 않게 덮어두지 않던가?

나는 영화 〈식스 센스The Sixth Sense〉 주인공처럼 귀신을 보지는 못하지만 이런 소리는 귀에 쏙쏙 들어와 박힌다.

"18도에서 36도라니, 일주일 만에 기온이 두 배로 뛰었네!"

그럴 때면 정중히 예의를 갖춰 반박한다. "당신에겐 그럴지 몰라도 미국 사람들한텐 전혀 안 그럴걸요"라고. 사실이다. 우리야 온도라면 당연히 **섭씨**로 통하지만 명성 높은 과학자이자 노벨물리학상 수상자인 리처드 파인만^{Richard Feynman}의 나라에서는 자고로 온도란 **화씨**로 말해야 알아듣는다. 그러니 두 배가 아니다.

학창시절 이후 잊고 살았을 많은 이들을 위해, 잠시 셀시우스가 창안한 섭씨(℃)를 파렌하이트가 고안한 화씨(°F)로 바꾸는 법에 대해 설명하겠다.

- 섭씨에서는 물이 0℃에서 얼고 100℃에서 끓는다. 100℃의 차이다.
- 반면 화씨에서는 물이 32°F에서 얼고 212°F에서 끓는다. 180°F의 차이다.
- 따라서 화씨 1도는 섭씨 100/180도, 즉 5/9도에 해당한다.
- 섭씨로 표현된 온도를 화씨로 변환할 때는 9를 곱한 후 5로 나누고 32를 더해야 한다.

결국 두 배로 뛴 것은 더위 자체가 아니라, 섭씨로 표현된 온도 수치라고 해야 맞다. 여담으로, 1742년 셀시우스가 처음으로 섭씨 단위를 제안했을 때만 해도 100℃는 해발 0m에서 물의 **어는점**을 가리켰고, 0℃는 해발 0m에서 물의 **끓는점**을 가리켰다. 0℃에서 끓고 100℃에서 언다니, 생경하지만 그땐 그렇게 정했다. 그러다 삼 년 후, 스웨덴 과학자인 칼 폰 린네^{Carl von Linné}가 기준을 뒤집으면서 오늘날 우리가 아는 형태가 된 것이다.

온도뿐만이 아니다. '두 배로 뛴 더위' 같은 오류는 지진을 얘기할 때도 마찬가지다. 이쯤 되면 짐작했겠지만, 규모 8은 규모 4의 두 배가 아니다. 다행히 신문에서도 이런 오류를 지적하는 기사를 본 적이 있다. 지진 규모 8은 지진 규모 4의 두 배 정도가 아니다. 무려 1만 배 이상 강력하다. 왜 그런 것일까? 지진 크기를 측정하는 진도 단위 **모멘트 규모**는 **로그함수**를 이용하기 때문이다.

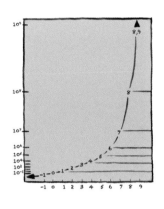

이 그래프가 보여주듯, 진도(지진에서 방출된 에너지)를 측정하는 단위는 선형적이 아니라 대수적이다. 따라서 지진 규모 8은 지진 규모 7보다 두 배 가까운 에너지를 방출한다. 진폭 면에서는 규모 8이 규모 7에 비해 10배 크다.

왜 **리히터 규모**는 말하지 않는지 고개를 갸웃거릴 분들도 있을 것이다. 여러 이유가 있지만, 무엇보다도 리히터 규모는 6.9가 넘어가면 사용하지 않는다. 지진 규모가 확연히 다름에도 수치상으로는 유사하게 나타나서 신뢰도가 떨어지기 때문이다. 실제로 리히터 규모는 캘리포니아의 샌안드레아스 단층이나, (거듭 말하지만) 규모 6.8까지만 표시되는 특수 지진계에 사용된다. 그런데도 신문이나 텔레비전에서 여전히 리히터 규모를 언급하는 까닭은 일부 보도 기자들이 '리히터'라는 단어를 아무 데나 끌어다 쓰기 때문이다.

그렇다면 모멘트 규모가 **상용로그**(밑을 10으로 하는 로그)를 사용하는 것은 어떤 의미를 지닐까? 규모가 한 단위 커질 때마다 충격이 10배가 된다는 뜻이다. 따라서 규모 4에 비해 규모 5는 10배 강력하고, 규모 6은 100배, 규모 7은 1,000배 강력하다는 말이다. 고로 규모 8은 규모 4보다 무려 10,000배 강력하다. 이처럼 **대수적인 성격**을 띠는 단위는 주로 측정 대상의 값 범위가 너무 광범위해서 결과가 천차만별로 나타날 수 있을 때 사용한다.

리히터 규모도 대수적인 성격을 띤다. 그리고 값이 6.9 이하일 때는 모멘트 규모와 비슷한 결과를 보인다. 이 단위를 고안한 찰스 프란시스 리히터Charles Francis Richter는 천문학자들이 천체 폭발을 측정하기 위해 사용하는 (역시 대수적인 성격의) **겉보기 등급**에서 영감을 얻었다고 한다.

한 가지 주의할 점은 지금 우리 논의의 중심이 **규모**, 즉 지진계가 측정한 단위라는 것이다. 때로는 일부 보고서조차도 '규모'와 '진도'를 혼동하곤 한다. 진도는 건물 안에 있는 사람이 가시적인 피해 상황을 육안으로 측정하여 판단하는 주관적인 단위다.

진도 측정에는 어느 정도 표준화된 몇 기준이 존재하는데, 가장 널리 알려진 것이 **메르칼리 진도계급**이다. 한편 유럽에서는 **EMS 진**

도가 흔히 쓰이며, 진도V(로마자로 표기해야 한다) 이상이면 취침 중이던 사람들이 대부분 잠에서 깨거나 문과 창문이 저절로 닫히는 정도라고 규정한다. 이처럼 전문 장비가 값을 측정해도 그 해석까지 항상 균일한 것은 아니다.

그러니 측정 도구가 없는 분야는 오죽하랴. 마드리드 넵튠광장의 공식 수용인원이 6천 명이라지만 필요에 따라서는 백만 명도 모일 수 있지 않을까?

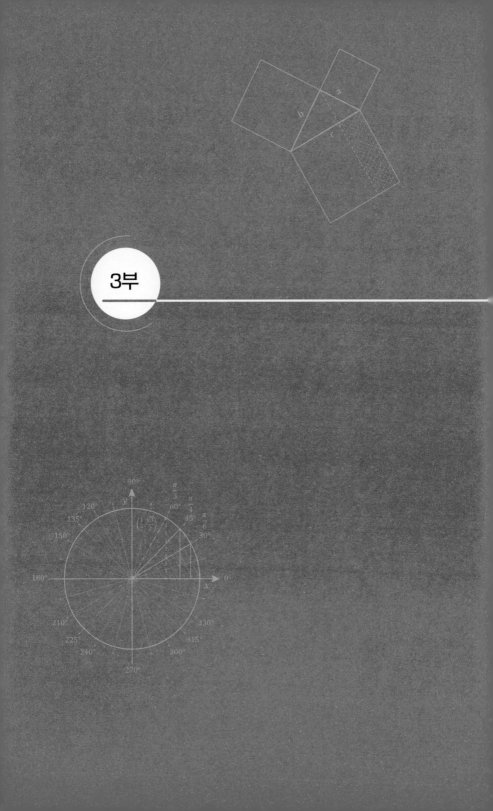

3부

수학이 어렵다고
투덜대기 전에!

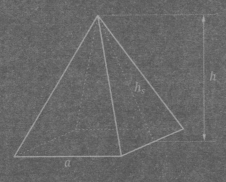

21장

가케야 바늘로 주차하기

좁은 골목에 차를 댈 때면 이미 주차된 차들 사이로 슬쩍 엉덩이를 들이밀어 볼까, 하다가 무리라는 것을 깨닫고 포기한 적이 있을 것이다. 그런 곳에 주차할 때 필요한 최소 공간은 과연 얼마일까? 단순하기 짝이 없는 이 질문은 러시아와 일본까지 건너가서 여러 학자 속을 썩였다.

뭔가 대대적인 변화가 생겼을 때 우리는 '360° 바뀌었다'는 얘기를 한다. 그럴 때면 지긋이 미소가 지어진다. 사실 360°를 돌면 한 바퀴를 돌아 원점으로 돌아오는 꼴이다. 변화는커녕 수동성과 고집스러움을 대변하는 것과 다름 없다. 하지만 어떤 상황에서는 360°를 돌다가 대대적인 수학 연구 가 시작되기도 한다.

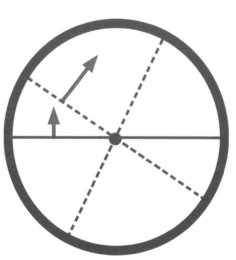

1m짜리 바늘이 하나 있다고 상상해보자(젓가락도 좋다). 이 바늘을 한 바퀴 돌리는 데 필요한 최소 공간은 얼마일까? 잠깐 생각해 보면 '지름 1m짜리 원 하나'라는 결론에 이른다.

그런데 좀 더 작은 공간에서는 안 될까? 물론 가능하다. 높이 1m 정삼각형 안에서 마치 주차를 하듯, 최대한 바늘을 돌린 후 앞이나 뒤로 밀었다가 다시 최대한 돌리기를 반복하면 된다.

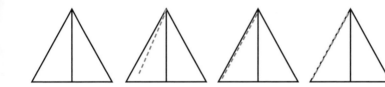

여기서 눈여겨볼 것은 삼각형 높이에 해당하는 막대(그림 속 빨간 점선)다.

- 이 막대를 조금 회전시켜 삼각형 한 변에 바짝 붙인다.
- 다른 꼭짓점(왼쪽 아래)에 닿을 때까지 끌어당긴 후,
- 또 다른 변에 닿을 때까지 다시 회전시킨다.

그런데 이 방법을 쓰면 공간이 더 작아도 가능하지 않을까? 여기에 답한 사람이 소이치 가케야^{Soichi Kakeya}였다. 소이치 가케야는 1947년에 세상을 떠난 일본 수학자로, **가케야 바늘 문제**라는 유명

한 화두를 던져놓았다. 그는 1m 막대를 돌릴 때 (주차장에서 차를 돌리듯이) 필요한 최소 공간은 다음 그림과 같은 **델토이드 곡선**이라고 했다.

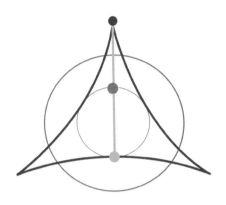

막대 길이가 1m일 때, 빨간색으로 표현된 중점의 자취를 따라 그려진 원의 지름은 막대 길이의 절반에 해당하므로 50cm이다. 안타깝게도 일본 수학자는 실수하고 말았지만, 어쨌거나 이 문제는 처음 화두를 던진 그의 이름을 따서 가케야 문제로 불리게 됐다. 그리고 실제로 바늘 돌리기가 가능한, 델토이드 곡선보다 더 작은 도형이 존재한다(델토이드 곡선은 그림 속 검은색 삼각형으로, 그리스 문자 중 대문자 델타와 닮아 델토이드라고 불린다). 심지어 그 면적은 우리가 원하는 만큼 무한정 줄일 수도 있다. 귀신이 곡할 노릇이지만 있는 그대로다. 막대를 돌릴 공간은 얼마든지 0에 가깝게 작아질 수 있다.

이 신통방통한 도형들을 통틀어 우리는 **가케야 집합**이라고 한다. 말도 안 된다고 당장이라도 따지고 싶겠지만 러시아계 영국 수학자 아브람 사모일로비치 베시코비치Abram Samoilovitch Besicovitch는 이 사실을 증명해보였다.

우선, 머릿속에 떠오르는 가장 작은 숫자(물론 양수)를 하나 고른다. 그럼 베시코비치는 우리가 고른 숫자보다 면적이 작으면서 1m의 막대를 360° 돌릴 수 있는 도형을 하나 만들어 낸다. 베시코비치가 만든 도형 집합은 1m의 막대를 어느 방향으로든 배치할 수 있다는 특징이 있다. 그리고 이런 **베시코비치 도형**을 본 따서 **가케야 도형**도 생각해볼 수 있다.

어떻게 하면 될까? 가장 널리 알려진 방법은 1928년 독일 수학자 오스카 페론Oskar Perron이 베시코비치의 정리를 단순화해 발표한 논문에 소개되었다. **페론의 나무**라 이름 붙은 이 도형은 이렇다.

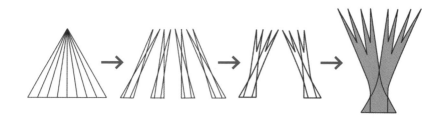

- 높이가 1m인 정삼각형에서 출발한다.

- 이 정삼각형을 크기가 같은 수많은 삼각형으로 쪼갠다.
- 쪼개진 삼각형들을 적절히 겹친다.
- 길이 1m의 막대가 방향에 상관없이 들어갈 수 있는 도형을 만든다. 처음에 정삼각형을 쪼갤 때, 잘게 쪼개면 쪼갤수록 조각을 겹쳐 만든 나무의 면적이 작아진다.
- 이렇게 얻은 페론의 나무들을 빙 돌려세우고 한데 묶으면 **베시코비치 집합**이 된다.

이제는 좁은 골목길에 주차된 차들 사이에 내 차를 끼워 넣을 때처럼 막대를 앞뒤로 밀었다 당겼다, 요리조리 조종하면 된다.

재미 삼아 시작한 이 문제는 오늘날 통계학, 이산수학, 조합수학에서 편미분방정식을 풀 때를 비롯해 다방면으로 활용되고 있다. 천재 수학자라는 별명을 가진 테렌스 타오$^{Terence\ Tao}$도 자신의 논문[*]에서 이 문제를 일부 다루었다.

더 상세한 내용은 다음번에 살피기로 하고, 이제는 길이 좁아 주차할 곳이 없다는 핑계도 통하지 않게 되었으니 우리에게 필요한 것은 인내심이다. 아! 파워 스티어링도 적극 활용해야겠다.

---

[*] Terence Tao, ≪ From Rotating Needles to Stability of Waves: Emerging Connections between
Combinatorics, Analysis, and PDE ≫, Notices of the American Mathematical Society, vol. 48, n° 3,
mars 2001, http://ams.org/notices/200103/fea-tao.pdf.

22장

파도타기 응원을
과학적으로 접근하면

좋아하는 팀을 응원하다 파도를 타본 적이 있을 것이다. 순간 흥에 겨워서일 수도 있고,
지루함을 달래려는 몸부림이라 한들 어떻겠는가. 그런데 파도타기가 시작되고
퍼져나가는 과정을 들여다보면 웬만큼 진지한 과학 논문들보다 훨씬 흥미롭다는 사실!
지금부터 확인해보자.

스포츠 경기, 특히 축구경기가 열
릴 때면 관중석은 '파도'를 타느라 바쁘다. 우리에겐 '파도타기'로
알려진 이 응원을 외국에서는 **멕시칸 웨이브**mexican wave라고 부른다.
1986년 멕시코 월드컵에서 처음 유행했기 때문이다. 파도타기는
대개 응원 열기가 뜨거워지면서 관중이 경기에 동참하려 할 때
시작된다. 처음 몇 명이 두 팔을 번쩍 들어 올리며 자리에서 일어
났다 앉으면, 옆 사람들이 즉시 바통을 이어받아 응원을 이어나
간다.

그런데 이 현상에는 물리학과 수학 이론을 들먹여도 어색하지
않을 만큼 흥미진진한 시스템이 숨어있다. 실제로도 파도타기 응

파도타기

원 양상을 단계별로 연구한 사례가 여럿 있는데, 그 연구들을 토대로 특징을 정리해보면 다음과 같다.

- 약 12명 정도의 적은 인원에서 시작된다. 따라서 관중이 25명 정도 되어야 진행할 수 있다.
- 흐름은 빠르게 안정화되며, 속도는 1초에 12미터, 약 20석을 이동하는 것이 전형적이다. 일단 안정화 단계에 접어들면 서 있는 사람의 너비도 6~12m, 약 15석으로 일정해진다.
- 보통 시계 방향으로 움직이고 파도는 자연히 사라진다.

파도타기의 수학적 모형이 흥미로운 이유는 다양하지만, 무엇보다도 독립적으로 행동하는 개인이 한곳에 모여 협력하는, 자동적이고 자연발생적인 행동 체계라는 것이다.

특히 더 재미있는 이유는 집단행동이면서 관중 개개인의 결정이라는 점이다. 따라서 개별 의사결정 과정과 집단행동 과정을 연결해야 하기 때문에 이론적 설명과 컴퓨터 시뮬레이션을 병행해야 한다. 다행히 이 문제는 물리학과 수학의 접근법을 동원하면 해결된다. 어떤 물질이나 기체를 연구할 때도 구성 원소에 대한 설명과 해당 체계에 대한 전반적인 이해가 모두 필요하다.

언뜻 보면 별것 아닌 것 같아도 파도타기는 상당히 복합적인 질문을 내포하고 있다. 보통 몇몇 관중이 합심하여 특유의 소리를 내며 시작되는데, 그들이 일어났다 앉을 때 그 주변의 오른쪽이든 왼쪽이든 모두 영향을 받아야 정상이다. 다시 말해 파도는 시작점을 기준으로 양방향 모두 퍼져나갈 수 있다.

경기장에서 직접 경험한 상황이 말해주듯 파도는 항상 한 방향, 시계 방향으로만 움직인다. 자연 속 수많은 물리현상이 보여주는 **대칭성**을 한방에 깨뜨리는 참으로 별난 특징이다.

이러한 파도타기 양상을 전체적으로 이해하기 위해서는 개개인의 행동에 관한 **확률론적 모델**을 이용하면 도움이 된다. 아주 간단한 모델만으로도 파도가 생성되고 퍼져나가다 사그라지는 과정을 시뮬레이션할 수 있기 때문이다. 마치 레고로 만든 축구장 같은 곳에서 관중석 계단식 의자가 파도처럼 움직이도록 프로그래밍하는 식이다.

재미난 놀이처럼 보이는 이런 연구법은 화재 진압이나 전기신호를 이용한 심박조율 장치를 만들 때 무척 중요하게 활용된다. 산불이 났을 때 각각의 나무가 어떤 움직임을 보이는지, 또는 특정 신경 자극을 받으면 심장 세포 하나하나가 어떻게 반응하는지를 볼 때 필요하다. 이런 문제를 다룰 때는 행동을 전체적으로 제어하는 일이 중요하기 때문이다. 심장 세포가 외부 자극에 중구난방으로 반응한다면 끔찍한 일이 발생하지 않겠는가?

기체의 특성이나 흥분성 세포 연구를 위해 개발된 수학 장치가 대규모 사회집단을 이해하는 데 신뢰할 만한 도구가 되니 신기할 따름이다. 이 분야 연구는 밀폐된 공간에서 발생한 위기 상황에 군중이 어떻게 반응할 것인지를 예견하고 비극을 막는 데도 유용한 도구가 될 수 있다.

그렇다면 아낌없는 응원을 보내도 아깝지 않겠다. 그런 의미에서 다 함께 파도타기를 시작해보자. 지금, 바로 여기부터다!

23장

파티에서 당신과
인사한 사람의 수는?

가끔은 이런 일이 있다. 초대받은 파티를 마치고 집으로 돌아가는 길,
모두와 제대로 인사를 나눴는지 긴가민가하다. 같이 간 파트너에게 물어봐도
고개만 갸우뚱거린다면? 그때 필요한 건 바로 그래프이론이다.

그래프이론이라면 이미 낯설지 않
을 터. 여태 한두 번 등장한 것도 아닌 데다, 단언컨대 앞으로도 또
나올 것이다. 왜냐고 물으신다면 이유는 차고 넘친다. 무엇보다 미
술관에 걸어도 손색없을 만큼 깔끔하다. 게다가 우아하게 문제를
풀어주는 믿음직한 이론이기 때문이다. 약간의 과장은 있지만, 그
래프이론이 골치 아픈 수학 문제를 직관적이고 세련되게 해결해
주는 것만큼은 사실이다. 중학교 입학 전부터 그래프이론을 배워
도 좋겠지만 단체로 수학을 포기할까 봐 염려가 앞서니, 건의하지
는 않겠다.

　파티 인사에 관한 수수께끼를 풀기 위해 상황부터 설정해보자. 안나와 블라스는 네 쌍의 커플과 함께 저녁 파티에 참석해 악수나 포옹으로 인사를 나눴다. 파티가 다 끝난 후 블라스는 각자 몇 명과 악수했는지 참석자들에게 물었고, 아홉 명은 모두 다르게 답했다. 이때 안나와 악수를 나눈 사람은 과연 몇 명일까? 잠시 시간을 갖고 계산기를 두드려 보아도 좋다.

　수학 문제를 풀 때는 지문을 잘 읽는 것이 가장 중요하다. 찬찬히 읽고 도움이 될 만한 정보를 모두 추려내야 한다. 여기서 우리는 '아홉 명의 응답이 모두 달랐다'는 점에 주목하자. 파티에 온 사람은 총 열 명인데, 그중 하나인 블라스가 질문을 던졌을 때 나머지 사람들의 답이 다 달랐다는 것은 아홉 명 모두 서로 다른 숫자를 말했다는 뜻이다. 별것 없어 보이지만 실은 의미심장한 대목이다.

한 발 더 들어가 보자.

- 아홉 명의 응답은 각각 넉살 좋게 모두와 포옹을 한 0부터 수줍어서 모두와 악수만 나눈 9까지다.

- 따라서 블라스의 질문에 대한 아홉 명의 답변은 집합 {0, 1, 2, 3, 4, 5, 6, 7, 8, 9}에 포함된다.

- 사람은 아홉 명인데 집합 원소는 열 개니, 숫자가 하나 남는다. 어떻게 풀 수 있을까?

사실 답을 알려준 셈이나 다름없다. 아홉 명과 모두 악수한 사람은 나올 수 없기 때문이다. 아홉 명과 모두 악수하려면 자기 파트너와도 인사를 나눠야만 하는데, 보통의 커플이라면 밖에서 만나 함께 입장할 테니 새삼스레 인사하지 않았을 것이다. 따라서 주저 없이 9를 빼고 나면, 아홉 명의 답변은 집합 {0, 1, 2, 3, 4, 5, 6, 7, 8}로 정리된다.

여기서 우리의 목표는 안나와 악수한 사람 수를 구하는 것이다. 파티에 참석한 사람들을 그래프로 표현해보자.

- 사람 수에 맞게 꼭짓점 10개를 찍는다.

- 그중 하나를 '블라스'로 정한다.

• 나머지 꼭짓점 아홉 개는 각자 응답한 숫자로 이름을 대신한다.

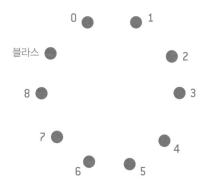

• 악수를 한 꼭짓점들끼리는 선으로 연결해 모서리를 만든다. 이때는 8번 꼭짓점부터 시작하는 것이 좋다. 8번 꼭짓점은 여덟 명과 악수를 했기 때문에 나머지 꼭짓점 9개 중 자신을 제외한 8개와 연결하면 된다. 따라서 아무와도 악수하지 않은 (넉살 좋게 포옹만 나눈) 0번 꼭짓점을 제외하고 다음과 같이 연결한다.

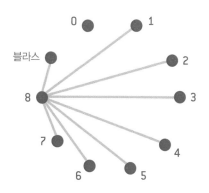

그래프를 통해 알 수 있는 사실은 무엇일까? 꼭짓점 0은 꼭짓점 8의 파트너가 분명하다는 것이다. 꼭짓점 8은 나머지 모두와 악수를 했는데, 만약 악수한 사람 중에 자기 파트너가 포함되어 있다면 이 커플은 자기들끼리도 악수를 나누는 별종이라고밖에 볼 수 없다.

한 쌍이 정리되었다. 0과 8을 같은 색으로 칠해 두 사람이 커플임을 표시하고 ('은퇴한 독일인 부부'라고 해두어도 좋다.) 그래프의 다른 모서리도 계속 그려나간다.

7번 꼭짓점을 보자. 이 꼭짓점은 7개의 모서리와 연결되어야 하는데, 앞서 8번과 연결한 모서리가 이미 하나 있으므로 6개만 더 그으면 된다.

- 아무와도 악수하지 않은 0번과는 당연히 연결할 수 없다.
- 단 하나의 모서리와 만나야 하는 1번도 이미 (8번과 연결된) 모서리가 하나 있으므로 제외한다.
- 따라서 2, 3, 4, 5, 6과 블라스까지, 총 6개를 더 그으면 다음과 같다.

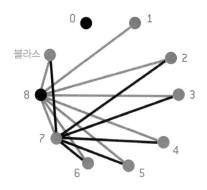

꼭짓점 7의 파트너는 1번이다. 왜일까? 7번이 악수를 하지 않은 사람은 0번과 1번뿐인데, 0은 이미 8의 파트너이므로 1이 틀림없다. 이 둘도 같은 색으로 칠해 커플임을 표시해두고 계속 모서리를 그어나간다.

6번으로 넘어가자. 6번에는 이미 7번과 8번에 연결된 모서리 2개가 존재하므로 4개만 더 추가하면 된다.

• 0, 1, 2는 이미 필요한 개수만큼 모서리를 갖고 있으므로 제외한다.

• 따라서 3, 4, 5와 블라스에게 연결하면 다음과 같다.

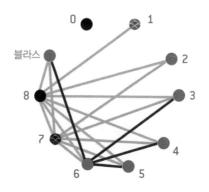

또 한 쌍이 해결되었다. 6번의 파트너는 6번과 악수하지 않은 세 명, 0번과 1번과 2번 중에서 아직 아무와도 짝이 되지 않은 2번 이 틀림없다. 이 커플도 같은 색으로 칠하고 5번으로 넘어간다.

5번에는 이미 모서리가 3개 존재하므로 2개만 더 추가하면 된 다. 나머지 꼭짓점은 모두 자기 번호만큼 모서리를 갖고 있으므로 남은 자리는 4번과 블라스뿐이다.

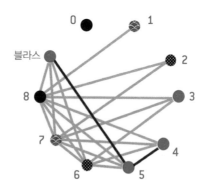

같은 방식으로 추론하면 5번의 파트너는 3번임을 알 수 있다. 역시 같은 색으로 칠한다. 이제 모든 꼭짓점이 자기 번호만큼 모서리를 가졌기 때문에 더 이상은 모서리를 그릴 수 없다.

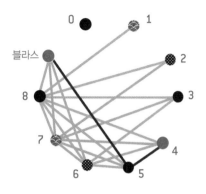

이제 답이 나왔다. 블라스의 파트너인 안나는 네 명과 악수하고 네 명과 포옹한 4번 꼭짓점이다!

신기하지 않은가? 다음번 파티 때 새로운 그래프로 한 번 더 도전해보기를 바란다.

24장

JPEG 파일과
셀카에 관하여

휴가지에서 셀카로 친구의 관심을 끄는 편인가?
그렇다면 셀카가 이렇게 보편화한 것도 모두 수학 덕분이라는 것을 기억해주길 바란다.
탐탁지 않겠지만, 사실은 인정하자.

연중 가장 많은 사진을 남기는 계절은 아마도 여름이 아닐까? 나는 지금 이렇게나 멋진 곳에 와있다고 인증사진을 찍어 보내, 집과 회사를 지키는 지인들을 괴롭히는 계절이기도 하다(모래밭에 묻힌 발 사진 한 컷이면 충분하다). 이 작업에는 대개 핸드폰이나 디지털카메라를 쓰지만, 이런 장치와 거리가 먼 조금 더 예스러운 방법도 있다. 여행지에서 보내는 엽서한 장은 얼마나 낭만적이었던가.

오늘날 우리가 찍는 사진은 거의 다 'jpg.'라는 확장자명으로 저장된다. 그런데 JPG란 대체 무엇일까? 지금 던질 질문이 바로 이

것이다.

JPG는 Joint Photographic Experts Group의 약자인 JPEG의 변형으로, 이미지 압축에 필요한 일련의 표준 혹은 단계를 규정한 것이다. 다시 말해, 비교적 적은 용량 안에 최대한의 정보를 집어넣는 과정이다. 그 결과 우리는 인터넷만 있으면 가뿐히 사진을 전송할 수 있고 이미지를 저장할 하드디스크를 사려고 돈을 쏟아붓지 않아도 된다. 앞서 말해두었으니 JPG 파일을 만들려면 수학이 꽤 많이 필요하다는 것을 눈치챘을 것이다. 행렬, 코사인, 나눗셈에 어림수까지……. 겁먹을 필요는 없다. 그저 과정을 하나씩 살펴보자.

우선, 카메라가 어떻게 이미지를 포착하는지 이해해야 한다. 핵심은 센서에 있다. 센서는 여러 종류가 있지만 기본적으로는 **포토사이트**photosite라 부르는 바둑판 모양의 작은 구성단위를 가리킨다. 이것은 조도를 감지해내는 장치다. 그런데 카메라 센서는 색을 구분할 수 없다. 센서는 오직 빛의 양만 감지한다. 그래서 포토사이트마다 빨간색, 파란색, 녹색 필터 중 하나를 장착해서 자기와 다른 색깔의 빛을 차단한다. 가령 빨간 필터는 파란색과 녹색 빛을 차단하는 식이다.

이렇게 하면 포토사이트에는 삼원색 중 한 가지 빛만 가서 닿는다. 카메라는 이 빛을 저마다의 방식으로 배열하는데, **베이어 필터** 패턴이 주로 사용된다. 모양은 아래 그림에서 보듯 매우 단순하다.

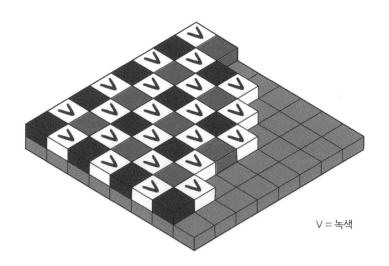

V = 녹색

그림을 보면 녹색이 다른 색보다 두 배 많다는 것을 알 수 있다. 인간의 눈이 파란색이나 빨간색보다 녹색에 두 배 가까이 민감하기 때문이다. (진화론적 필요에 따른 것으로 추정된다. 오랜 시간 인류에게는 초록빛의 각종 식물을 구별해내는 게 중요한 과제였다.) 우리가 셀카를 찍으면 각각의 픽셀은 포토사이트 네 개가 모인 모자이크 형태를 띤다.

이 포토사이트들은 0부터 255까지의 숫자를 이용해 색의 농도를 표현하는데, 해당 색이 전혀 감지되지 않으면 0, 최대로 감지되면 255인 식이다. 그래서 하나의 이미지는 총 세 개의 색을 보여주는 세 개의 표로 인식되며, 칸마다 0과 255 사이의 값을 가진 이 표들을 우리는 **매트릭스**라고 부른다.

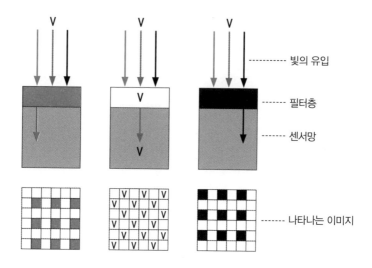

빛의 유입

필터층

센서망

나타나는 이미지

　이렇게 생성된 세 개의 매트릭스만 저장하면 카메라에 찍힌 이미지를 그대로 남길 수 있다. 그러나 이 상태로는 사진 한 장의 용량이 엄청나기 때문에 기념사진은 마음속에나 저장해야 하는 상황이 되고 만다. 전문작가와 사진 고수들이 사랑해 마지않는 이 **RAW** 파일은 세 매트릭스 속 숫자를 (효율성이야 어떻든) 모조리 보존하기 때문이다.

　매트릭스를 좀 더 친숙한 표현으로 바꿔 말하면 바로 **행렬**이다. 기억이 가물가물하거나 혹은 까마득한 이들은 행렬을 그냥 숫자표라고 생각해도 좋다. 사진이 만들어낸 행렬 중 한 조각을 작게 떼어보면 이런 형태다.

5	176	193	168	168	170	167	165
6	176	158	172	162	177	168	151
5	167	172	232	158	61	145	214
33	179	169	174	5	5	135	178
8	104	180	178	172	197	188	169
63	5	102	101	160	142	133	139
51	47	63	5	180	191	165	5
49	53	43	5	184	170	168	74

와츠앱으로 주고받는 웬만한 사진들보다 훨씬 아름답지 않은 가? JPG 파일의 핵심은 행렬에 담긴 정보를 (거의) 고스란히 저장한다는 데 있다. 이때 중요한 것은 행렬에 '0'이 많을수록 파일 크기가 줄어든다는 사실이다. 그리고 이왕이면 0이 줄줄이 붙어 있어 주면 더 좋다. 만약 0이 연속으로 열여섯 번 나올 경우에는 16(0)과 같은 형태로 축약할 수 있기 때문이다. 동일한 정보를 열여섯 자리 대신 다섯 자리로 표현할 수 있으니, 그 편리함이 어떠할지 트위터를 써본 사람이라면 모두 이해할 것이다.

그런데 대체 무슨 수로 행렬에 0을 채운단 말인가? 나란히 붙여 서라니! 게다가 사진 품질을 유지하고 과정을 복구할 수 있는 방법이어야 한다. 바로 이럴 때 수학이 필요하다.

처음 행렬 세 개(빨강, 파랑, 녹색)를 버리는 것부터가 시작이다. 대신, 삼색의 광도, 빨간색과 파란색의 비율, 빨간색과 녹색의 비율을 표현할 새로운 행렬 세 개를 구해야 한다. 간단한 방정식만

있으면 가능하다. 예를 들어, 삼색을 광도로 변환하는 식은 다음
과 같다.

$$Y = 0.257 \times R + 0.504 \times G + 0.098 \times B + 16$$

R(red), G(green), B(blue)는 각각 빨간색, 녹색, 파란색 매트릭스
에 들어있던 픽셀값이다. 빨간색과 파란색의 비율, 그리고 빨간색
과 녹색의 비율을 구하는 두 방정식은 다음과 같다.

$$Cb = U = -0.148 \times R - 0.291 \times G + 0.439 \times B + 128$$
$$Cr = V = 0.439 \times R - 0.368 \times G - 0.071 \times B + 128$$

이 식들은 행렬의 연산만 배우면 곱하기와 더하기만으로도 풀
어낼 수 있고 원래 값으로 복원하는 과정도 간단하다.

다음으로, 행렬 내에 0을 연속 배열하기 위해 필요한 과정을 차
근차근 실행해보자.
- 우선, 앞에서 예로 든 것처럼 각 행렬을 JPG의 8비트에 해당
  하는 8×8 하위행렬로 나눈다.
- 각 숫자에서 127을 뺀다. 값은 (광도와 색을 표현한) 각각의 매
  트릭스에 따라 달라지지만 대체로 0과 가까워진다.

• 그 결과 앞에 나왔던 행렬은 다음과 같이 바뀐다.

-122	49	66	41	41	43	40	38
-121	49	31	45	35	50	41	24
-122	40	45	105	31	-66	18	87
-94	52	42	47	-122	-122	8	51
-119	-23	53	51	45	70	61	42
-64	-122	-25	-26	33	15	6	12
-76	-80	-64	-122	53	64	38	-122
-78	-74	-84	-122	57	43	41	-53

다음 과정은 약간 복잡하지만 각각의 8×8 하위행렬 숫자에 공식을 대입한다고 생각하면 쉽다. 이 공식을 **이산 코사인 변환**이라고 부르는데, 우리가 살펴볼 이산 코사인 변환은 이미지나 음향 처리와 같은 분야에 자주 사용되는 **푸리에 변환**과 상당히 유사하다. 이산 코사인 변환을, 앞서 구한 행렬에 적용하면 다음과 같다.

-27.500	-213.468	-149.608	-95.281	-103.750	-46.946	-58.717	27.226
168.229	51.611	-21.544	-230.520	-8.238	-24.495	-52.657	-96.621
-27.198	-31.236	-32.278	173.389	-51.141	-56.942	4.002	49.143
30.184	-43.070	-50.473	67.134	-14.115	11.139	71.010	18.039
19.500	8.460	33.589	-53.113	-36.750	2.918	-5.795	-18.387
-70.793	66.878	47.441	-32.614	-8.195	18.132	-22.994	6.631
12.078	-19.127	6.252	-55.157	85.586-	-0.603	8.028	11.212
71.152	-38.373	-75.924	29.294	16.451	-23.436	-4.213	15.624

결과를 보면, 행렬의 왼쪽 상단에 가장 유의미한 값들이 모인다.

이제는 (암호화를 제외하면) 마지막 과정이다. 중요한 것은 지금까지 했던 모든 과정은 처음으로 되돌릴 수 있기 때문에 압축이나 품질 손상이 발생하지 않는다. 그러나 지금 볼 마지막 단계는 품질에 영향을 미친다. 앞서 구한 모든 행렬 값을 특정 숫자로 나누어야 하기 때문이다. (숫자가 클수록 압축률이 높아지고, 작을수록 고품질이 유지된다.) 예를 들어 압축률이 50%일 때는 다음 값을 적용하면 된다.

16	11	10	16	24	40	51	61
12	12	14	19	26	58	60	55
14	13	16	24	40	57	69	56
14	17	22	29	51	87	80	62
18	22	37	56	68	109	103	77
24	35	55	64	81	104	113	92
49	64	78	87	103	121	120	101
72	92	95	98	112	100	103	99

- −27,500을 16으로 나누고 가장 가까운 정수로 수렴하면 −2가 된다.
- −213,468을 11로 나누고 같은 과정을 거치면 −19가 된다.
- 나머지 숫자들도 같은 과정을 반복하면 다음 결과가 나온다.

-2	-19	-15	-6	-4	-1	-1	0
14	4	-2	-13	0	0	-1	-2
-2	-2	-2	7	-1	-1	0	1
2	-3	-2	2	0	0	1	0
1	0	1	-1	-1	0	0	0
-3	2	1	-1	0	0	0	0
0	0	0	-1	1	0	0	0
1	0	-1	0	0	0	0	0

비교적 큰 숫자들로 나눈 결과, 우리가 바라던 0이 많이 생겨났다. 사진을 저장하면 바로 이 행렬이 (지그재그로) 저장되며, 이 값들을 되돌리면 초깃값을 복구할 수 있다. 하지만 마지막 나눗셈을 한 후에 소수점 이하를 반올림해 버렸기 때문에 원본과 완전히 똑같은 이미지로 돌아갈 수는 없다. 거의 흡사한 수준까지라면 가능하다. 대단하지 않은가? 이쯤 되면 감동의 눈물을 훔쳐도 좋다. 고백하자면, 이 사실을 처음 알았을 때 내가 그랬다.

오늘날 사용되는 이미지 저장법은 여러 가지가 있지만, 가장 보편적인 방법은 역시 JPG이다. 물론 최선이라는 뜻은 아니다. JPEG 그룹도 이산 코사인 변환보다 더 정밀한 방식을 동원한 JPEG2000을 출시한 적 있으니 말이다.

25장

스도쿠로
아는 체 좀 하고 싶다면?

그래프의 꼭짓점을 색칠하다 보면 스도쿠를 풀 수도, 심지어 만들 수도 있다.
도전해보고 싶지 않은가?

그래프를 쓰면 웬만한 문제가 해결
된다고 줄곧 얘기해왔다. 페이스북 담벼락에 속지 않는 법, 손님
들끼리 얼굴 붉히지 않도록 자리 배정하는 법, 그뿐만 아니라 〈왕
좌의 게임〉 속 칼리시를 변방으로 몰아내는 것도 가능하다. 그래
프는 거의 만능이나 다름없다. 그중 가장 기상천외한 응용법을 하
나 고르라면 색칠공부와의 만남이 아닐까?

'일주일간 유럽 4개국 둘러보기'처럼 눈코 뜰 새 없는 일정이라
면 모를까, 그게 아니라면 피서지에서는 어중간하게 뜨는 빈 시간
이 생기게 마련이다. 가족과 함께든 혼자서든, 손에 잡히는 걸 가
지고 시간을 보내야 한다. 그럴 땐 역시 스도쿠가 제격이다.

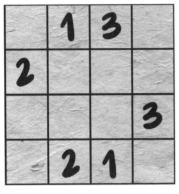

    엎어진 김에 쉬어가랬다고, 그래프와 색연필로 스도쿠 풀기는 물론 만드는 법까지 배워볼까 한다. 숫자만 넣으면 저절로 풀어주는 계산법이나 한방에 답을 찾는 컴퓨터 프로그램을 상상할 사람도 있을 것이다. 물론 가능하다. 게다가 한두 가지가 아니다. 그러나 우리는 푸는 걸로 그치지 않고 만들기까지 해내는 기특한 해법을 살펴보려 한다.

    비결은 스도쿠를 그래프로 보는 데 있다. 알다시피 그래프란 꼭짓점이라 부르는 점들과 그 사이를 잇는 모서리라 부르는 선들의 집합체다. 그럼 스도쿠를 그래프로 표현하려면 어떻게 해야 할까? 또 꼭짓점을 칠하면 문제가 풀린다는 건 무슨 의미일까?

이해를 돕기 위해 난이도 '하'의 4×4 스도쿠를 예로 들어 보자.
9×9 스도쿠에도 이 방법을 그대로 적용할 수 있지만, 처음부터 그
랬다가는 꼭짓점과 모서리에 뒤엉켜 헤어 나오지 못할 위험이 있
으니, 아래와 같은 초간단 버전부터 시작해보자.

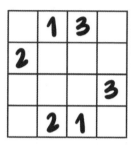

스도쿠를 그래프와 매치시켜 보자. 간단하다. 모든 칸이 비어있
는 '스도쿠 기본형'부터 만들고 여기에 제약조건을 부여해 나가는
방법이다.

- 빈칸에 0부터 15까지 차례로 번호를 매기면 꼭짓점 16개짜
  리 그래프가 생긴다.

- 0번 꼭짓점을 자신과 같은 번호를 가질 수 없는 칸(꼭짓점)들과 모서리로 연결한다. 같은 행(제일 위쪽 가로줄), 같은 열(제일 왼쪽 세로줄), 그리고 자신을 포함하는 작은 정사각형(왼쪽 위 4칸)이 여기 해당한다.

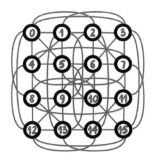

- 다른 꼭짓점들도 같은 방식으로 모서리를 그린다. 이렇게 '스도쿠 기본형'이 완성되었다.

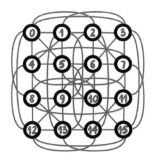

복잡해 보이지만 이 정도 그래프는 컴퓨터만 있으면 간단히 그릴 수 있다. 9×9 스도쿠도 마찬가지다.

이제 색을 입힐 차례다. 꼭짓점을 하나씩 칠해나가되, 두 꼭짓점이 모서리로 연결되어 있으면 같은 색을 칠할 수 없다. 이 방법은 결혼식에서 하객들의 자리를 배정할 때도 유용하다. 아래처럼 서로의 관계를 고려하여 그래프를 그리는 것이다.

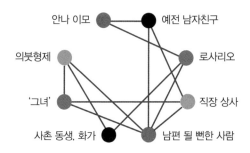

이렇게 하면 네 가지 색만으로도 스도쿠 기본형 그래프를 칠할 수 있다. 그리고 칸마다 숫자를 넣으면 스도쿠가 완성된다. 신기한 것은 색을 다르게 입히면 숫자도 다르게 들어가고, 자연히 스도쿠도 다르게 만들어진다. 새로운 게임을 무궁무진 만들 수 있다.

앞서 제시한 스도쿠를 풀려면 기본형 그래프에 모서리를 몇 개 추가해야 한다. 서로 다른 숫자를 넣을 칸끼리 서로 다른 색이 칠해지게 만들기 위한 사전 작업이다. 방법은 간단하다. 다른 숫자를 넣고 싶은 두 꼭짓점 사이를 모서리로 연결하면 된다. 그럼 규칙상 두 칸은 절대 같은 색이 될 수 없다.

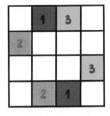

풀어야 할 스도쿠   기본형 그래프의 꼭짓점

- 이 스도쿠에서는 기본형 그래프 1번 꼭짓점과 11번 꼭짓점이 다른 색을 가져야 하므로 두 칸을 모서리로 연결한다. 1번 꼭짓점이 이미 2번, 4번, 13번 꼭짓점과 연결되어 있기 때문이다.
- 마찬가지로, 기본형 그래프 2번 꼭짓점은 4번, 13번 꼭짓점과 다른 색을 갖도록 모서리로 연결해야 한다. 2번이 1번, 14번 꼭짓점과 이미 연결되어 있기 때문이다.
- 나머지도 같은 방식으로 진행한다.

이제 마지막으로, 같은 숫자가 들어갈 칸끼리 같은 색을 갖도록 조정해준다. 우리가 만든 스도쿠를 예로 들면, 기본형 그래프 1번과 14번에 같은 숫자 '1'을 넣으려 한다. 다시 말해 둘 다 짙은 회색으로 칠하고 싶다. 어떻게 해야 할까? 잠시 생각할 시간을 가져보자.

그렇다. 14번과 같은 행에 있는 나머지 세 꼭짓점이 모두 1번과 연결되도록 모서리를 그려 넣어야 한다. 그럼 이 세 칸은 1번과 같은 색(짙은회색)으로 칠할 수 없기 때문에 유일하게 남은 14번에 색을 칠하게 된다. 결국 1번과 14번은 같은 색이 된다.

풀어 말하면, 1번 꼭짓점을 12번과 15번 꼭짓점에 모서리로 연결해야 한다. 13번 꼭짓점은 기본형 그래프를 만들 때 이미 연결했으므로 다시 연결할 필요가 없다. 그럼 12번, 13번, 15번이 모두 1번과 연결된다. 이 세 칸은 이제 짙은회색으로 칠할 수 없고, 자연히 14번 칸에 배정된다.

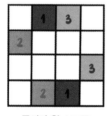
풀어야 할 스도쿠

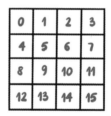
기본형 그래프의 꼭짓점

이어서 4번과 13번 꼭짓점도 같은 색으로 칠하게 만든다. 위 과정을 한 번 더 반복해 2번과 11번 꼭짓점도 같은 색으로 칠하게 만든다.

이렇게 해서 기본형 그래프에 6개의 모서리를 추가했다. 아직 남아있는 꼭짓점은 다음 규칙에 따라 색칠하면 된다.

- 네 가지 색을 넘지 말 것
- 모서리로 연결된 칸끼리는 같은 색을 칠하지 말 것

그냥 계산해서 푸는 게 더 쉽겠다고 생각할지 모른다. 그럴 수도 있다. 하지만 컴퓨터를 이용하면 이 방식이 얼마나 간단한지 알 것이다. 대형 스도쿠 여러 개도 단 몇 초 만에 뚝딱 풀린다. 그리고 어디 가서 아는 체 좀 하고 싶다면 이 방법이 더 그럴싸하지 않은가?

26장

선물 포장지
아끼는 방법

연인들의 날이 다가오면 거리는 선물 준비로 분주해진다.
포장하지 않으면 선물이 아니라는 듯 화려한 상자와 리본들이 대거 등장한다.
그런데 선물 포장에도 놀라운 수학이 숨어있다는 사실을 알고 있는가?

2월 14일이 가까워지면 곳곳에서 사랑 타령이 시작된다. 무엇이든 사랑과 엮어보려는 기사가 쏟아지고, '사랑은 세상을 바꾼다'는 말의 구체적인 의미가 새삼 실감난다. 물론 그 분위기에 저항할 뜻은 없다.

어떤 이들은 순수한 사랑의 지속 가능 기간을 알려주는 공식을 찾았다고 한다. 그러나 솔직히 말해 그런 공식들은 수학적 관점에서는 별로 미덥지가 않다. 숫자와 공식은 우리가 사랑하고 사랑받는 크기를 잴 때보다는 기하학 문제를 풀 때 쓰는 게 훨씬 잘 어울린다. 정 크기를 재고 싶다면 사랑 말고, 담백하게 선물만 따져보는 것이 어떨까? 그림 속 선물은 하트 모양이지만 우리는 좀 더

단순한 모양을 살펴보려 한다. '네모 상자 포장'하기다. 우리가 포장할 선물은 여섯 면이 모두 정사각형으로 이루어진 다면체, 그러니까 정육면체가 되겠다.

상자의 한 변의 크기는 1m(반지일 거라는 기대는 접어두자)로, 예쁜 직사각형 포장지로 싸려 한다. 단, 포장지는 절대 자를 수 없다. 우리에게는 가위가 없고 포장지를 손으로 찢는다는 건 상상도 못 할 일이다. 이런 상황에서 포장지는 최소 얼마나 필요할까? 거듭 강조하지만 포장지를 자르지 않고 있는 그대로

써야 한다는 조건이다.

　찬찬히 생각해보자. 상자의 한 변이 1m라는 말은 포장해야 할 여섯 면을 합친 면적이 $6m^2$라는 뜻이다. 따라서 최소 $6m^2$가 넘는 직사각형 포장지가 필요하다. 하지만 똑 떨어지는 $6m^2$로는 자르지 않고선 포장할 수가 없고, 무엇보다도 '정사각형' 전개도가 더도 덜도 아닌 $6m^2$짜리 '직사각형'이 되어야 한다니, 아무리 천재라도 불가능한 일이다. 그러므로 우리가 쓸 포장지는 $6m^2$보다 '커야' 한다.

　반면 포장지를 넉넉히 쓸 수 있다면 어떨까? 한 변이 1m인 정사각형을 포장한다는 것은 한 변이 1m인 정사각형의 전개도를 만드는 것과 같다. 그렇다면 $12m^2$짜리 직사각형 포장지 한 장이면 충분할 것이다. 이 직사각형 포장지 안에는 전개도가 쏙 들어갈 테니 그대로 접어 정육면체를 만들면 된다.

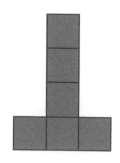

따라서 우리에게 필요한 포장지는 최소 $6m^2$보다는 크고 최대 $12m^2$보다는 작다고 정리할 수 있다. 이제 큰 걸음은 뗐다.

$$6m^2 \langle \text{포장지 크기} \langle 12m^2$$

최소면적은 정확히 얼마일까? 사실, 최소면적이라는 것은 없다. 황당하게 들리겠지만 사실이다. 최소면적은 존재하지 않는다. 누군가가 $6m^2$보다 크고 $12m^2$보다 작은 직사각형 포장지를 아무거나 한 장 들고 와서 선물을 싼다면, 그다음 사람은 그보다 '조금 더' 작은 포장지를 들고 와서 똑같이 쌀 수 있다. 어찌 된 원리일까?

앞서 본 정육면체 전개도를 다시 떠올려 보자. 이미 말했듯 직사각형 포장지로 정육면체 전개도만 완전히 덮을 수 있다면 선물 포장은 완성된다. 그렇다면 아주 길고 가느다란 직사각형이라고 안 될 리는 없을 터. 예컨대 리본 테이프 같은 것으로 전개도를 촘촘히 덮어나가는 방법도 생각해 봄직하다.

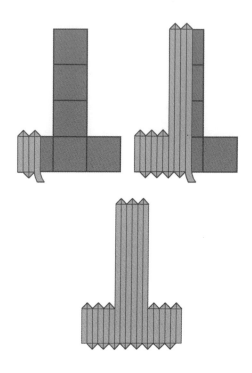

리본 테이프로 정육면체 전개도 포장하기

이런 방식으로 포장한다면 리본 테이프는 얼마나 필요할까? 이런 질문에는 '테이프 너비에 따라 달라요!'라고 답할 학생이 한 명씩 꼭 있기 마련이다. 정답이다. 리본 테이프 너비를 W라고 놓고 생각하면 전체 면적은 그리 어렵지 않게 구할 수 있다.

$$6+6W$$

첫 항의 6은 포장할 정육면체의 겉넓이에 해당한다. 그럼 둘째 항의 6W는 어디에서 왔을까? 전개도 밖으로 튀어나온 부분, 즉 포장을 이어나가기 위해 꺾어 접은 리본 테이프의 면적이다. 그림을 보면 테이프가 전개도 밖으로 튀어나온 지점은 1m짜리 변, 여섯 개에 해당하는 것을 확인할 수 있다. 또한 테이프를 꺾어 접었기 때문에 뾰족뾰족 튀어나온 작은 삼각형들은 모두 두 겹으로 되어 있다. 따라서 전개도 밖으로 튀어나온 테이프 면적은 변마다 다음과 같다.

$$변의 길이 \times 리본 테이프 너비 = 1 \times W$$

그러므로 사용한 리본 테이프의 너비가 작으면 작을수록 포장지 면적도 작아지는 셈이다. 그렇지만 테이프 너비가 0일 수는 없는 법이다. 아무리 가느다란 테이프로 포장하더라도 그보다 조금 더 가느다란 테이프는 얼마든지 있다. 아무리 작은 양수를 택해도 그보다 조금 더 작은 양수를 얼마든지 찾을 수 있기 때문이다. 역시, 수학은 참으로 신비롭지 않은가!

이 문제를 처음 가르쳐준 사람은 수학 대중화에 있어서라면 세계적으로 손꼽히는 수학자이자 나의 친구인 동경대 이과대 아키야마 진Akiyama Jin 교수다. 물론 그가 알려준 수많은 참신한 문제에 비하면 새 발의 피에 불과하지만.

27장

도넛과 재봉틀이
무슨 상관일까?

요즘 같은 세상에 손수 옷을 지어 입는 사람이 얼마나 될까?
재봉틀이 구닥다리처럼 느껴진다. 하지만 그건 현실을 모르고 하시는 말씀!
우리는 전자책을 읽고 가상화폐로 계산하지만, 여전히 누구에게나 입을 옷은 필요하다.

보기와 다르게 재봉틀에는 수학이 가득하다. 그중 하나만 꼽으라면 단연 **위상기하학**이다(잠깐! 책을 덮긴 아직 이르다, 설명할 시간을 주시라). 이 분야를 전공한 동료들의 입장을 간단히 대변하자면, 위상기하학이란 사물의 본질적 속성을 다루는 수학이다. 위상기하학에서는 원과 사각형을 동일시한다. 둘 다 '구부러진 선에 둘러싸인 평면 하나'이기 때문이다. 반지름 1cm짜리 원과 1km짜리 원도 같다. 역시 '구부러진 선에 둘러싸인 평면 하나'일 뿐이다.

위상기하학자들은 도형을 떡 반죽처럼 생각하기 때문에 자르거나 붙이지 않고 일그러뜨려 만들 수만 있다면, 모두 같은 형태로

본다. 그래서 수학자들이 도넛과 커피잔을 구분 못 한다는 우스갯
소리도 있는 것이다. 재미나게도 도넛을 쭈물거리면 뭔가를 붙이
거나 자르지 않고도 커피잔으로 바꿀 수 있기 때문이다.

　이처럼 형태나 크기가 아닌 내면을 중시한다는 점에서 위상기
하학은 내가 가장 좋아하는 분야이기도 하다. 마치 〈미녀와 야수〉
이야기를 읽는 기분이랄까.

위상기하학은 하나 이상의 끈을 묶거나 엮는 법도 연구한다. 이른바 (끈이 하나라면) **매듭이론**, (끈이 둘 이상이면) **땋임이론**이다. 이 이론에서 다양한 놀이가 나왔다. 가령, 고리처럼 연결된 반지 두 개는 둘 중 하나를 깨뜨리지 않고선 풀 수 없다. 여기서 착안해 두 사람이 각자의 손목을 끈 하나로 얽어 묶었을 때 누가 먼저 풀고 탈출하는가 하는 내기나 마술이 생겨났다.

또한 위상기하학은 어떤 형태가 다른 형태로 변화하는 과정을 연구한다. 쉬는 시간에 두셋이 모여 즐기던 실뜨기도 그중 하나다.

그런데, 그게 다 재봉틀과 무슨 상관이란 말인가? 따지고 싶겠지만 밀접한 관련이 있다. 재봉틀의 목적은 실이 '풀리지 않게끔' 엮는 바느질 아니던가? 재봉틀은 위상기하학적 난제에 끊임없이 도전하는 셈이다. 한 올 이상의 실이 매듭 없이도 풀리지 않도록 엮여야 한다! 그래서 홑실만 사용하던 초기 재봉틀은 다음처럼 실을 얽곤 했다.

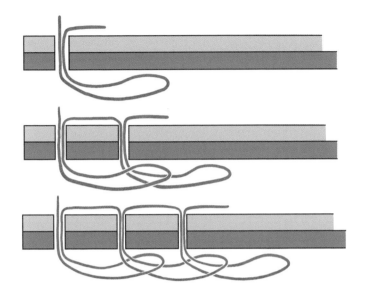

　물론 이 재봉 방식은 실을 묶지 않았기 때문에 위상기하학적 원칙에 어긋나지 않는다. 한쪽 끝을 당기면 주루룩 올이 풀린다는 뜻이다. 위상기하학적으로 보자면 참 다행이지만, 재봉이 목적이라면 곤란한 일이 아닐 수 없다. 한방에 올이 풀리는 정장을 누가 사겠는가. 그런데도 초기 재봉 방식은 도안이 꽤 간단하고 견고해서 포댓자루 제작과 같은 특정 산업 분야에서 꾸준히 사용되고 있다.

　지금으로부터 200년 전이 조금 못 되는 1830~1850년경, 큰 발전이 일어난다. 바로 겹실을 쓰게 된 것이다. 새로 등장한 재봉틀이 두 실을 엮는 방식은 다음과 같았다.

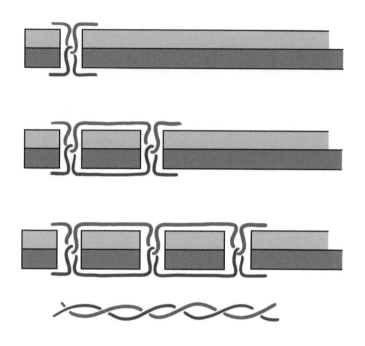

언뜻 보면 이런 다이어그램이 가능할까 싶지만, 트릭의 핵심은 밑실을 감은 보빈이 재봉틀에 고정되어 있지 않다는 것이다. 처음 이 방식을 선보인 재봉틀들은 원운동을 선형 운동으로 변환하는 **아르키메데스의 나선**을 이용했다.

하지만 머지않아 또 다른 위상기하학적 트릭이 등장했다. 원운동을 선형 운동으로 바꿀 필요가 없고 실도 더 견고하게 엮이는 물레 재봉틀이었다.

재봉사들이 이쯤에서 만족했으리라 믿는다면 크나큰 오산이다. 올이 풀리지 않는 짜임을 찾으려는 시도는 현재진행형이고 새로운 보강재봉기술에 관한 특허도 쉴 새 없이 쏟아지고 있다.

덧붙이는 말

이 주제는 미국수학회(AMS) 연구를 참조했다.

(http://www.ams.org/publicoutreach/feature-column/fc-2015-05)

28장

바이러스는 왜 하필
이십면체일까?

수학은 정말이지 우리 삶 곳곳에 숨어있다. 우리가 깨닫지 못할 뿐이다.
기하학적으로 생긴 바이러스의 모양, 안으로 돌돌 말린 DNA와 RNA에도
수학은 깊숙이 관여하고 있다.

             수학이 질병 연구에 보탬이 된다는
사실은 앞에서도 설명한 적 있으니, 이제 바이러스의 생김새로 눈
을 돌려볼까 한다.

일찍이 과학자들은 자연이 빚은 창조물이 기하학적으로 독특
한 형태를 띤다는 것을 인지하고 있었고 그로부터 놀라운 결과를
끌어내기도 했다. 어떤 이들은 각종 조류의 서식지와 알의 형태를
연관 짓기도 했다. 알이라고 하면 자연 속 다른 동식물에 비해 단
순한 모양을 자랑한다. 그런데 알만큼이나 단순한 생김새로 여러
학자의 호기심을 자극한 존재가 또 하나 있었으니, 바로 바이러스
다. 딱히 복잡하지는 않지만, 기하학적으로 인상적인 모양새를 갖

고 있다.

바르셀로나대학교 다비드 레구에라David Reguera 교수팀은 바이러스 대부분이 이십면체라는 것을 밝혀냈다. 바이러스의 활동을 이해하고 퇴치하고 싶다면, 속성뿐만 아니라 구조를 파악하는 것도 중요한데, 그러려면 **캡시드**[*]를 구성하는 다양한 성분이 어떻게 결합하는지 연구해야 한다. 결절이 몇 개인지, 어떤 종류인지, 그리고 바이러스 퇴치에 있어서 그 사실이 왜 중요한지까지 알아야 한다.

---

[*] 바이러스 외피. DNA 또는 RNA가 구성한 게놈을 덮는 단백질로 된 껍질을 가리킨다.

바이러스를 현미경으로 들여다보면, 대부분이 다 구에 가까운 형태라고 생물학자들은 말한다. 그런데 미스터리하게도 완전한 구가 아니라 세모꼴 단면 스무 개가 모인 다면체, 즉 이십면체에 가깝다. 왜 하필이면 이십면체일까?

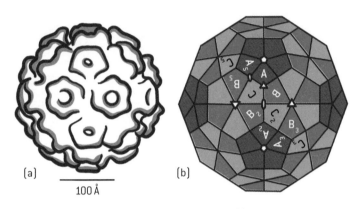

바이러스 캡시드(a)를 전자현미경으로 관찰한 모양(b). 기하학적 형태를 띤다.

여기에 답하기 전, 한 가지 의문점부터 짚고 넘어가야겠다. 이십면체가 구에 가까운 것은 사실이지만, 생각해보면 구에 더 가까운 도형은 얼마든지 있다. 이십면체는 세모꼴 (또는 대칭성을 띠는 다른 도형) 단면 스무 개로 구성된 상태라는 말이다. 말이야 바른말로, 세모꼴 단면이 많으면 많을수록 전체 형태는 구에 더 가까워진다.

그런데 왜 '이십'면체여야 할까? 답을 찾기 위해 과학자들은 캡시드 형태를 예측하는 다양한 모델을 제시했다. 캡시드 구조를 이루는 각각의 단백질과 그 단백질들 사이의 관계를 방정식으로 풀기 위한 시도였다.

조금 더 구체적인 예를 들면 도움이 될 듯하다. 단단한 물체 여러 개를 용수철로 줄줄이 연결한 후, 그중 일부를 움직이지 않게 고정했다고 치자. 상상하기 쉽게 집에 있는 드럼 세탁기를 떠올려도 좋다. 세탁통이 세탁이나 건조를 위해 정해진 리듬대로 들썩거리는 동안, 그 밑에는 여러 개의 용수철이 세탁통을 받쳐주고 있다. (만약 세탁통이 이런 충격 완화 장치 없이 본체에 직접 붙어 있었다면, 원심 운동을 할 때마다 비싼 세탁기에 쩍쩍 금이 가고 말았을 것이다.) 이때 우리가 찾으려는 방정식은 용수철이 가진 물리적 특성에 따라 결정된다. 그리고 내용물의 최대 중량(세탁물+물)을 고려해 적절한 수축 값을 찾으면 세탁기는 비로소 균형 상태가 된다.

이것을 바이러스 입장에서 생각해보면, 외피를 구성하는 단백질은 저마다 고유한 속성을 지닌 용수철과 같다. 과학자들은 이 고유한 속성들을 방정식으로 표현해 컴퓨터 시뮬레이션을 거쳐 행동 체계를 분석한다.

이제 거의 결론에 다다랐다. 만약 캡시드 단백질이 한 종류밖에 없었다면 바이러스는 이십면체 형태를 띨 필요가 없었을 것이다. 하지만 (대부분의 경우처럼) 캡시드가 여러 가지 단백질로 구성되었을 때는 '구'라는 가장 이상적인 형태와 캡시드를 구성하는 단백질의 수축 능력 간에 균형점을 찾아야 한다. 그 최적 균형점이 바로 이십면체였던 것이다. 절로 감탄이 나오는 발견 아닌가? 이런 연구를 접할 때마다 느끼는 것이지만 환상적인 영화가 따로 없다. 우리가 사는 이 세계는 이미 충분히 신비롭다.

29장

엄마보다 정리를
잘할 수는 없겠지만

남들은 어떻지 몰라도 우리 집에서는 휴가철마다 집 정리에 꼬박 이삼일이 걸린다.
책이며 애들 장난감이며, 양말, 각종 케이블, 휴대폰 충전기까지. 물론 내 사전에
실패란 없다. 그러나 뭔가를 정리한다는 것은 눈앞의 초콜릿을 외면하는 것만큼이나
고된 일이다. 더하면 더했지 덜하진 않다. 그럴 때, 주부 9단 엄마에게 도움을
요청하는 것 말고 다른 방법은 없을까?

사람들은 으레 수학자라면 정리정돈이 확실하리라는 선입견이 있나 보다. 그러나 천만의 말씀이다. 단언컨대 정리는 직업과 전혀 상관이 없다. 하지만 수학이 생활 속 이모저모에서 영감을 얻는 만큼, 정리에 관한 문제를 다루는 건 사실이다. 특히 컴퓨터가 발달하며 우리 삶을 바꾼 여러 프로그램을 시간과 공간 면에서 효율적으로 이용하려면, 정보를 똑똑하게 정리하는 법이 중요하다.

그런 맥락에서 나타난 이른바 NP-난해 영역에 속하는 골칫거리가 하나 있으니, 바로 **상자 채우기 문제**bin packing다. 이 문제의 요점은 크기와 모양이 다른 물건들을 가능한 한 작은 상자에 담는 것이다. 이사를 해본 사람이라면 무슨 말인지 알아듣고 참 만만치 않은 문제라는 데 공감할 것이다.

정리에 관한 또 다른 유형의 문제가 있다. 언뜻 보기엔 훨씬 쉬워 보이지만 머리를 잘 굴리지 않으면 어마어마한 시간을 잡아먹을 수 있는 시험지 정리하기 미션이다. 시험지 4천 장을 가나다순으로 정리해야 하는 일이 생긴다면? 혹시라도 왜인지는 묻지 말자. 그냥 수능 시험지 취합하는 곳쯤이라고 해두자.

이런 질문을 던지면 대개는 묘한 눈빛과 함께 '쯧쯧쯧…….' 혀를 찬다. 별것 아닌 일로 무얼 그리 고민하느냐는 뜻이다. 그냥 전체 시험지를 대충 뭉쳐 쥐고 앞뒤 이름들을 확인해서 철자 순으로 제자리에 끼워 넣으면 그만이라고. 물론 그렇게 해도 된다. 이 방법을 알고리즘 용어로 **삽입 정렬**이라고 부른다.

이번엔 문제를 조금 단순화해서, 오름차순으로 숫자를 정렬해 보자. 이때 삽입 정렬은 어떻게 진행될까? 집합 {5, 3, 1, 6, 4, 2}를 크기순으로 정리하는 상황이라고 가정하자.

- 삽입 정렬 방식에 따라 5부터 시작한다. 다음 숫자인 3과 비교할 때 5가 더 크므로 순서를 바꿔준다.
- 다음 숫자인 1과 비교해도 5가 더 크므로 순서를 한 번 더 바꿔준다.
- 5와 자리를 바꾼 1은 그 앞에 있는 3과 비교해야 한다. 1이 더 작기 때문에 순서를 바꿔준다. 이렇게 처음 세 자리 숫자가 정리되었다.
- 다시 5로 돌아와서, 그다음 숫자 6과 비교한다. 5가 더 작기 때문에 순서를 바꾸지 않는다.
- 6으로 넘어간다. 그 다음 숫자인 4와 비교할 때 6이 더 크므로 순서를 바꾸면 {1, 3, 5, 4, 6, 2}가 된다.
- 4를 자기 자리로 옮기면 {1, 3, 4, 5, 6, 2}가 된다.
- 6을 그다음 숫자 2와 비교하면 6이 더 크므로 순서를 바꿔준다.

이렇게 숫자를 하나씩 비교하는 과정을 정리하면 다음과 같다.

```
5 3 1 6 4 2
5 3 1 6 4 2
3 5 1 6 4 2
3 1 5 6 4 2
1 3 5 6 4 2
1 3 5 4 6 2
1 3 4 5 6 2
1 3 4 5 2 6
1 3 4 2 5 6
1 3 2 4 5 6
1 2 3 4 5 6
```

겨우 숫자 여섯 개를 정리하는 일에도 꽤 많은 단계가 필요하니 결코 빠르다고는 할 수 없다. 이런 방식을 전문 용어로는 'n^2차 **복잡도**를 가진다'고 한다. 시험지든 숫자든, n개 정보를 정렬하려면 약 [AZ1]n^2번 연산을 수행해야 한다는 뜻이다. 따라서 숫자가 10개면 연산은 100번, 숫자가 100개면 연산은 10,000번, 숫자가 1,000개면 연산은 백만 번 정도를 거쳐야 정렬할 수 있다. 천년만 년 걸리는 일이다. 어느 세월에 이 과정을 다 밟을까?

다른 대책을 찾아야만 한다. 예를 들어 집합 중 최솟값을 찾아 제일 앞에 두고, 남은 집합 중 또 최솟값을 찾아 두 번째 자리에 두고, 또 남은 집합에서 다시 최솟값을 찾아 세 번째 자리에 놓는다면? 그것도 일리는 있겠다. 여전히 n^2차 복잡도를 가진다는 것이 흠이지만. 정리의 여왕 엄마라면 어떻게 했을까?

이럴 때 팁을 하나 주자면, n log(n)번 연산할 때가 가장 빨리 문제를 해결할 수 있다. n log(n)란 밑이 2이고 진수가 n인 로그를 말한다. 이것은 이미 증명된 사실이고, 적어도 컴퓨터 연산을 이용하는 한, 이보다 더 빠른 방법은 존재하지 않는다.

연산 횟수가 n log(n)번이면 확실하게 n^2번을 할 때보다 시간이 줄어든다. 확인해보자.

- 숫자가 10개일 때 n log(n) 알고리즘은

$$10 \times \log(10) = 10 \times 3.321928$$

연산 횟수는 약 34번으로 n^2로 계산한 100번보다 훨씬 작다.

- 숫자가 100개일 때는

$$100 \times \log(100) = 100 \times 6.643856$$

연산 횟수가 약 665번으로 n^2로 계산한 10,000번보다 훨씬 작다.

- 숫자가 1,000개일 때는

$$1000 \times \log(1000) = 1000 \times 9.965784$$

연산 횟수는 약 10,000번으로 n^2로 계산한 1,000,000번보다 훨씬 작다.

부디 우리가 풀고자 하는 정렬 문제가 n^2 방식보다 n log(n) 방식에 더 적합하기를 간절히 바랄 뿐이다.

시험지를 이름순으로 정리하거나 숫자를 오름차순으로 정렬할 때 n log(n) 방식을 효과적으로 이용하려면, 로마 시대부터 검증되어 내려온 이른바 **분할 통치** 방식을 기억해야 한다. 시험지를 여러 뭉치로 나누어 각각 이름순으로 정렬한 다음, 적절히 끼워 넣고 합치면 전체가 완성된다. 이 방법을 알고리즘 용어로는 **합치기 정렬, 병합 정렬, 머지 소트** 등으로 부른다.

그렇다면 조금 전과 같은 집합 {5, 3, 1, 6, 4, 2}에 합치기 정렬을 적용하면 어떻게 될까?

1. 우선 전체를 최소 크기의 집합으로 나눈다.

{5, 3} {1, 6} {4, 2}

2. 나눈 세 집합을 각각 오름차순으로 정렬한다.

{3, 5} {1, 6} {2, 4}

3. 처음 두 집합을 비교할 차례다.

{3, 5} {1, 6}

4. 두 집합의 첫 숫자를 비교해 작은 것부터 앞에 놓는다. 1이 3보다 작으므로 앞에 온다.

{3, 5} {6} → {1}

5. 다시 두 집합의 첫 숫자를 비교해 두 번째 놓을 숫자를 찾는다.

{5} {6} → {1, 3}

6. 그다음은 5, 마지막은 6이다.

$$\{1, 3, 5, 6\}$$

7. 이렇게 얻은 집합 {1, 3, 5, 6}을 남은 집합 {2,4}와 같은 방식
   으로 비교한다.

$$\{1, 3, 5, 6\} \{2, 4\} \rightarrow \{1\}$$

$$\{3, 5, 6\} \{2, 4\} \rightarrow \{1, 2\}$$

$$\{3, 5, 6\} \{4\} \rightarrow \{1, 2, 3\}$$

$$\{5, 6\} \{4\} \rightarrow \{1, 2, 3, 4\}$$

8. 이제 집합 {5, 6}만 남았다. 제일 뒤로 보낸다.

$$\{1, 2, 3, 4, 5, 6\}$$

정렬이 끝났다. 너무 간단한 예제라 차이를 실감하기 부족했을
지도 모르겠다. 하지만 시험지가 30장만 넘어가도 이 방법이 삽입
정렬보다 훨씬 효율적이라는 것을 충분히 공감할 수 있을 것이다.
합치기 정렬 알고리즘의 정립은 존 폰 노이만John von Neumann의 공
이 크다. 20세기 최고 석학 중 한 명으로 꼽히는 그는 내로라하는
쟁쟁한 석학들을 사이에서도 단연 빛을 발하는 천재였다.

알고리즘 분야에서는 폰 노이만의 방식처럼 n log(n) 연산을 응
용한 정렬이 자주 사용되는데, 하나 같이 효과 만점이다. 그렇지
만 시험지 정리하기에는 역시 합치기 정렬이 최고다. 아무리 정리
박사라도 n log(n)보다 빠를 순 없다. 물론, 엄마 손만큼은 아닐지
라도 말이다.

30장

트위터로
실업률을 알 수 있다고?

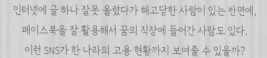

인터넷에 글 하나 잘못 올렸다가 해고당한 사람이 있는 반면에,
페이스북을 잘 활용해서 꿈의 직장에 들어간 사람도 있다.
이런 SNS가 한 나라의 고용 현황까지 보여줄 수 있을까?

　　　　　　　　　바야흐로 SNS가 모두의 삶에 구석
구석 침투한 시대다. 우리는 새로운 현실에 적응하지 않고는 살아
가기 힘들어졌다. 얼굴도 모르는 사람의 발가락 끝에 발린 페디큐
어 색깔부터 지구 반대편에 사는 누군가의 아침 식단까지. 이제는
클릭 몇 번이면 모든 것을 들여다볼 수 있다. 때때로 SNS는 좀 더
심각한 영향을 미친다. 자판을 함부로 두드리다 해고당한 사람도
있을 정도니까.

　구구절절한 사연은 접어놓고, 한 가지 분명한 것은 우리 시대
새로운 소통 수단이 된 SNS가 인간행동연구에 막강한 힘을 발휘
하리라는 전망이다. 마드리드의 카를로스 3세 대학교 에스테반

모로Esteban Moro 교수팀도 이 점에 주목했다. 특정 지리학적 범위 내에 나타나는 SNS 행동 양식을 그 지역 사회경제 현상과 연관 지어 분석한 것이다.

오늘날에는 누구나 주머니 속에 GPS 장치 하나씩을 넣고 다닌다. 조지 오웰George Orwell이 『1984』에서 그려낸 빅브라더가 낯설지 않은 시대다. 게다가 우리 대부분은 SNS 계정을 하나 이상 갖고 있다. 늘 반응하고 흔적을 남긴다. 이 두 가지 요인을 고려하면 굳이 SNS로 낭패 본 사연을 일일이 열거하지 않더라도, SNS가 인간 행동연구의 새 분야를 개척하기에 충분한 도구라는 사실을 인정하게 된다. 난민 이동 경로부터 패션 트렌드까지, 원하는 무엇이든 거의 실시간으로 확인할 수 있으니 말이다.

에스테반 모로 교수팀은 사람들의 행동 양식이 해당 지역 사회 경제 상황과 연관이 있다고 믿었다. 도심 내 이동, 전화 통화량, 일상 스케줄 등 모든 것이 사회적으로 보면 무척 흥미로운 정보들이며, 이웃 나라뿐 아니라 우리가 발붙인 지역에 대해서도 많은 것을 설명해준다. 과거에도 설문조사와 인구조사 같은 다양한 방법이 있었지만, 실시간 정보가 아니었기에 시차를 극복할 수 없다는 단점이 있었다. 그런데 오늘날에는 인류 역사상 유례를 찾아볼 수 없는 최고의 도구가 등장했다. SNS를 이용하면 실시간 상호작용과 정보 암호화가 가능할 뿐만 아니라, 사람들의 일상 스케줄이나 지리적 위치까지 수집할 수 있다.

모로 교수의 연구는 SNS에 떠도는 개인정보를 특정 지역 사회 경제 지표로까지 확장한 첫걸음이라 할 수 있다. 상당히 기술적인 논문[*]이기에 전문가가 아니면 다소 이해하기 어려운 건 사실이다. 하지만 몇 가지 재미난 상관관계는 충분히 짚어볼 만하다.

우선 트위터 사용자 수부터 살펴보자. 이 수치는 데스크톱, 태블릿 PC, 스마트폰 등 SNS 관련 기술의 이용 빈도를 간접적으로 가늠하게 해준다. 사실 트위터 사용과 GDP 사이 상관관계를 직접

---

[*] Alejandro Llorente, Manuel Garcia-Herranz, Manuel Cebrian et Esteban Moro, 《Social media fingerprints of unemployment》, arXiv.org, 19 nov. 2014, https://arxiv.org/pdf/1411.3140v2.pdf.

다룬 연구는 기존에도 있었다. 하지만 모로 교수팀은 트위터 사용자가 많을수록 그 지역 실업률이 높다는 결론을 도출해냈다. 별로 놀랍게 느껴지지 않는다면 개인차를 존중해야겠지만, 커피나 맥주 한 잔에 곁들여 떠들기엔 손색없는 얘깃거리다. 그렇다면 원인은 무엇일까?

　SNS 활동량을 시간대별로 관찰하면 해당 지역 경제활동 수준과 뚜렷한 상관관계가 확인된다. 실업률이 낮은 지역은 오전 8시에서 11시 사이, 그러니까 주로 아침 시간대에 SNS 활동량이 정점을 찍은 후 차츰 낮아진다. 반면 실업률이 높은 곳은 정점을 찍는 시간대가 딱히 존재하지 않는다. 실업률이 낮은 지역과 높은 지역의 활동 양상의 차이는 그래프를 보면 한눈에 알 수 있다.

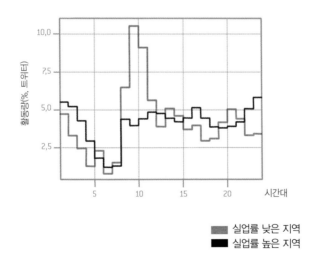

빨간 선과 검은 선은 각각 실업률이 낮은 지역과 높은 지역의 트위터 사용량이다. 빨간 선은 경제활동인구가 아침을 먹고 출근해서 업무를 시작할 오전 8시에서 10시 사이에 높이 치솟는다.

또 하나 재미난 것은 지역 간 교류에도 상관관계가 나타난다는 점이다. 연구팀은 다른 지역과의 교류가 저조한 지역에서 실업률이 높다는 사실을 지적했다. 반면 교류가 빈번하면 실업률이 낮았다. 논문에서는 한 지역이 다른 지역과 얼마나 많고 다양한 관계를 맺는지를 **엔트로피** 1이라는 지수로 표현했고 결과는 명확했다.

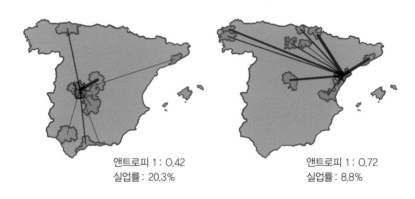

앤트로피 1 : 0.42
실업률 : 20.3%

앤트로피 1 : 0.72
실업률 : 8.8%

다른 도시들과의 교류가 0.5%에도 못 미치는 왼쪽 지도 속 도시는 실업률이 무려 20%를 웃돌았다. 반면 다른 도시들과의 교류가 0.7%를 넘어서는 오른쪽 지도 속 도시는 실업률이 8.8%밖에 되지 않았다(관계 지수인 엔트로피는 0과 1 사이 값을 갖는다).

신기하지 않은가? 시큰둥하게 고개를 저어도 괜찮다. 그러나 SNS 관련 연구가 사회학에 대한 이해를 높이고 인문학 통계를 돕는다는 사실은 매우 인상적이다. 연구진은 여기서 그치지 않고 SNS에서 추출한 다른 수치들을 분석 중이다. 활동 양상부터 발신 메시지 속 오타 수정까지, 모든 것이 해당 지역 실업률을 알려주는 도구가 된다.

혹시 이 주제를 기술적 관점에서 더 깊이 이해하고 싶다면 이 글의 처음에 소개한 논문을 직접 읽어도 좋다. 한동안 제법 그럴 싸한 지성미를 뽐낼 수 있을 것이다.

4부

비록 수학이 당신의 삶을
바꾸지는 못하겠지만

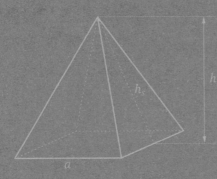

31장

줄무늬 셔츠를 입고
사진 찍을 때

해변 선베드에 누워 바다 배경으로 내민 두 발, 석양에 걸친 모히토 한 잔……
너도나도 찍어대는 이 사진들과 함께 올해는 줄무늬 셔츠를 입은 사진도
유행으로 등극할 것 같다. 셀카봉 없는 여행을 상상할 수 없는 요즘,
이왕이면 좀 더 예쁜 추억을 남길 팁을 몇 가지 전수한다.

찰칵!

여름, 휴가의 계절! 그리고 사진의 계절이다. 설레는 마음으로 야외에 나가 이날을 위해 아껴둔 새 옷을 입고 셀카를 찍어본다. 그런데 사진 속 셔츠에는 줄무늬 대신 이상한 무늬가 어른거린다.

보고 또 봐도 카메라 탓은 아니다. 나름 사진 전문가인 친구에게 추천받았고 제법 목돈 들여 구매한 제품이 배신할 리는 없다. 그렇다면 정녕 나의 셔츠가 이렇게 생겼단 말인가? 지금부터 진짜  이유를 캐내려 한다. 사랑스러운 셔츠를 내버리지 않도록, 최첨단 스마트폰은 더더욱 포기하지 않도록! 알고 보면 범인은 서투른 나의 손이니 말이다.

사진에는 있고 셔츠에는 없는 이 이상한 무늬의 정체는 바로, **무아레 현상**이다. 물결무늬 실크처럼 광택이 도는 무아레 직물에도 똑같은 원리가 숨어있다(무아레 현상이라는 이름도 이 직물에서 유래했다). 그토록 사랑받던 패션 트렌드가 사실은 단순한 **간섭 현상**에 불과한 셈이다.

그렇다. 셔츠 줄무늬가 꼭 물결처럼 춤을 출 때가 있다. 파란 줄무늬가 파도의 볼록선이 되고 하얀 바탕이 파도의 오목선이 되는, 이런 현상을 기술 용어로 **불연속 파형**이라고 한다. 이 물결무늬가 비슷한 또 다른 물결무늬와 겹칠 때면 모두가 아는 그 간섭이 발생한다. 가끔 사진에 찍히는 달갑잖은 일렁임 말이다.

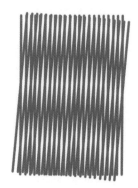

예리한 독자들은 이런 생각을 했을 것이다.

"물결무늬가 둘 이상일 때 간섭이 발생한다면…… 하나는 셔츠 줄무늬일 것이고, 다른 하나는 뭐지? 어디에서 온 거지?"

바로 디지털카메라다. 원인을 알고 싶다면 디지털카메라의 작동 원리부터 알아야 한다. 아날로그 카메라로는 절대 이런 현상이 나타나지 않는다.

디지털카메라로 사물을 촬영하면 피사체의 빛은 렌즈를 통과한 후 수백만 화소의 센서에 가서 닿는다. 이 화소 하나하나를 픽셀이라 부른다. 정확히 말하면 빛 감지 센서는 빛의 강도만 인식하기 때문에 카메라에 들어오는 것은 회색 음영뿐이다. 여기에 파란색, 녹색, 빨간색 필터를 장착해 해당 색만 센서를 통과했을 때 비로소 실제 이미지를 재현하기 위한 정보가 수집된다.

센서 안의 픽셀들은 바둑판 모양으로 분포하는데, 바로 이 바둑판이 골치 아픈 무아레 효과를 만든 범인이다. 그러니까 첫 번째 물결무늬가 줄무늬 셔츠 때문이라면 두 번째 물결무늬는 카메라 센서에서 생기는 것이다. 그렇다면 두 물결이 만나 사진을 망쳐놓는 사태를 막으려면 어떻게 대처해야 할까?

이런 종류의 간섭은 두 물결의 파장이 같거나, 하나가 다른 하나의 배수에 해당할 때에만 발생한다. 따라서 우리는 두 파장이 유사해지는 것만 막으면 된다. 방법은 여러 가지다.

찍은 장면을 1:1 비율로 재촬영해서 문제가 반복되는지 확인해 보는 것이 가장 좋다. 그리고 다음부터 문제가 되는 각도만 피하면 된다. 하지만 더 현실적인 방법은 카메라 줌을 이용하든 두 발로 뛰든, 촬영 대상과의 거리를 조정하는 것이다. 번거롭다면 카메라 각도만 살짝 틀어도 좋다. 그 외에 조리개를 여닫는 기술적 방법도 몇 가지 있지만, 전문가가 아닌 이상 빛의 양을 적절히 조정하기란 쉬운 일이 아니므로 생략한다.

문제도 해결되었으니 예쁘게 웃어보자. 누군가 우리를 찍고 있을지도 모른다.

32장

셰익스피어도 사랑한
명제 퀴즈

매년 도서전이 열릴 때면 대문호들의 이름이 언론에 오르내린다.
세르반테스나 셰익스피어도 그중 하나다. 하지만 세상에는 방랑하는 기사나
이룰 수 없는 사랑 이야기뿐 아니라 훌륭한 과학도서도 참으로 많다.
그래서 두 가지를 접목하려 한다. 셰익스피어와 수학 명제, 잘 어울리는 한 쌍 아닌가?

세상에서 가장 널리 쓰이는 두 언어의 대표 작가를 꼽으라면 단연 셰익스피어와 세르반테스다. 두 사람은 1616년 4월 23일, 같은 날 생을 마감했다. 정확히 따지면 이틀의 차이는 있다. 당시 영국은 아직 **그레고리력**을 채택하지 않은 상태였고, 스페인은 가장 먼저 역법을 개혁한 나라 중 하나였기 때문이다(이때만큼은 스페인이 선진국이었다고 자부한다).

수학 이야기로 넘어가기 위해 한 마디 덧붙이자면, 그레고리우스 13세 이름으로 역법을 개혁할 때 최종 안건을 작성한 사람은 바로 스페인 수학자, 톨레단 페드로 차콘Tolédan Pedro Chacón이다. 그러니 두 작가의 운명의 날이 우연처럼 맞아떨어진 데는 수학자가

초상화는
여기에
없다

두 문구 중
하나만
참이다

숨어있었다는 사실을 참고로 알아두어도 좋다. 이제 수학으로 방향을 틀었으니 영국의 음유시인, 셰익스피어 문제에 집중해보자.

셰익스피어의 명작 중 하나 『베니스의 상인』에는 과학적으로 흥미로운 대목이 등장한다. 청년 바사니오가 포샤와 결혼하기 위해 초상화가 담긴 상자를 고르는 장면이다. 극 중에서는 상자의 재질이 문제를 푸는 핵심 단서로 쓰인다(금, 은, 납 중에 선택해야 하는데, 이 장에서는 스포일러 방지를 위해 답을 비밀에 붙여둔다). 하지만 바사니오의 지혜를 검증하기 위해서라면 다른 방식으로 단서에 접근하는 것이 좋을 듯하다. 그래서 우리는 금 상자와 은 상자 두 가지만 있다고 가정하고, 포샤의 아버지가 딸의 남편을 찾기 위한 속임수로 다음과 같은 문구를 써두었다고 하자.

- 금 상자: "초상화는 여기에 없다."
- 은 상자: "두 문구 중 하나만 참이다."

그리고 바사니오에게는 두 문구가 모두 참일 수도, 모두 거짓일 수도 있다고 설명해둔다. 이 정도면 사랑하는 여인의 초상화를 찾기에는 충분한 정보다. 난감하게 느껴진다면, 두 문장이 모두 참인지, 혹은 하나가 거짓인지, 아니면 모두 거짓인지 아직 알 수 없기 때문이다. 하지만 포샤의 손등에 키스할 자격을 얻고 싶다면 머리를 굴려야 한다. 과연 어떻게 알 수 있을까?

우선 은 상자를 눈여겨보자. "두 문구 중 하나만 참이다"는 참일 수도 있고 거짓일 수도 있다. 각각의 경우 결과는 어떻게 바뀔까?

- 이 명제가 참이라면 은 상자만 유일하게 진실이어야 한다.
  - → 따라서 금 상자는 거짓이고, 초상화는 금 상자에 들어 있다.

- 은 상자가 거짓일 수 있다.
  - → 다시 말해두지만, 두 명제 모두 참이 될 수도 있고 모두 거짓일 수 있다. 하지만 지금 은 상자의 문구가 거짓이라는 가정이므로 두 명제 모두 참일 수 없다.

→ 두 명제 중 은 상자 명제만 거짓이고 금 상자 명제를 참
으로 가정하면, 결국 은 상자 명제가 참이 되는 모순이
생긴다.

→ 따라서 두 문구 모두 거짓이 되어야 하고 초상화는 금 상
자에 있어야 한다.

결국, 은 상자가 참이든 거짓이든 금 상자는 항상 거짓이다. 바
사니오가 조금만 깊이 생각했더라면, 초상화의 위치를 눈치챘을
테고 그러면 포샤의 아버지나 못된 샤일록은 두 사람을 갈라놓지
못했을 것이다.

명제를 추론하느라 머릿속이 더 복잡해진다는 불만도 있을 것
이다. 이 재미난 퀴즈는 매스포털 블로그*를 참조했다. 이 블로그
에는 비슷한 문제를 하나 더 소개하고 있다. 아래 간단히 옮겨 두
었으니 직접 도전해보기를 바란다. 이제 우리 앞에는 원작에서처
럼 세 개의 상자가 놓여 있고, 각각 다음 글귀가 쓰여 있다.

• 금 상자: "초상화는 여기 있다."
• 은 상자: "초상화는 여기 있다."

---

* Eric Emmanuel Macaulay, 《A problem courtesy of Shakespeare》, mathsformortals, 29 nov. 2007, https://mathsformortals.wordpress.com/2007/11/29/a-problem-courtesy-of-shakespeare/.

- 납 상자: "적어도 두 문구는 거짓이다."

포샤의 초상화는 어디 있을까? 문제를 풀면 포샤가 기다리던 완벽한 약혼자가 될 수 있다. 그게 아니라도 최소한 수학 좀 푼다는 소리를 들을 수 있을 것이다. 어쩌면 문학을 즐긴다는 소문도 함께!

33장

올라가고 내려가고,
경매 호가의 유형

경매에 참여해본 적이 있는가? 경매 종류는 몇 가지나 될까?
그렇다면 유리한 방법은 따로 있는 것일까?
지금 바로 경매장에 들어가서 궁금증을 풀어보자.

낙찰!

기계 소리와 기름내가 진동하는 작업장과 헤매듯 찾아가야만 찾을 수 있는 전당포. 요즘은 각종 TV 프로그램을 통해 숨겨진 곳곳의 매력을 발견하게 된다. 경매도 그중 하나다. 경매와 수학이 무슨 상관일까 싶지만, 알고 보면 경매는 특별한 형태를 띤 일종의 게임이다. 그리고 이런 게임을 파고든 수학 분야가 존재한다.

경매는 종류도 다양해서 언뜻 생각나는 것만 세어 봐도 수가 꽤 된다. 경매는 전략을 어떻게 짜느냐에 따라 (게임이론을 통해) 경매자에게 더 많은 수익을 만들어 줄 수 있다. 그런 까닭에 각국 정부도 국고 채우기의 일환으로 경매를 적극적으로 활용한다.

경매 종류에 관해 물으면 사람들은 대개 두 가지로 답한다. 텔레비전 쇼나 예술품 매매에서 흔히 보는 **상승호가**와 생선 도매시장 같은 곳에서 자주 쓰는 **하락호가**다. 거기서 좀 더 말해보라고 다그치면 대부분 눈동자를 굴리다가 '아!' 하며 하나를 덧붙이는데, 지금 다룰 경매법이 바로 그것이다. 이름 하여 **밀봉입찰**. 밀봉입찰에서는 입찰자가 단 한 번만 입찰할 수 있고 보통 서로의 호가는 비밀에 부쳐진다. 공공토목공사 등에 흔히 쓰이며 융통성 있는 요구사양서와 최저가를 제시한 업체가 낙찰되는 방식이다. 속임수만 없다면 실제 시장가와 유사한 범위 내에서 거래가 성사된다는 장점이 있다.

세 유형과 그 변형들을 살피다 보면 경매법 모두가 경매장에서 만들어졌다고 오해할 만도 하다. 그러나 1961년에 등장한 새로운 밀봉입찰 유형의 개발자는 콜롬비아 대학의 수학자이자 경제학자인 윌리엄 비크리^{William Vickrey} 교수였다. 그가 제시한 **차가밀봉입찰**은 엄밀히 말해 19세기 말부터 명맥을 이어 왔지만, 당시엔 제대로 된 분석이 없었고 대중화되지도 않은 상태였다.

차가밀봉입찰도 모든 입찰자가 밀봉입찰을 하고 가장 좋은 가격을 부른 사람이 낙찰된다는, 기존 방식과 같았다. 다만 낙찰자는 자신이 아니라 두 번째로 좋은 가격을 부른 사람이 제시한 가격을 내야 했다. 이 방식을 사용하자, 신기하게도 입찰자들이 거품을 뺀 합리적인 가격을 제안했다.

밀봉입찰에서는 경쟁이 과열되기 십상이다. 무리한 가격을 불러 사업권을 따낸 후 과도한 지출에 허덕일 때가 많다. 하지만 비크리 교수의 방식을 따르면 자기가 부른 값을 내지 않으니, 무리수를 두지 않는다. 정말로 적절해 보이는 가격을 제안하게 된다. 여러 가지 연구 결과와 모형들이 이 사실을 증명하고 있다.

하지만 무엇보다 비크리 모델이 중요한 이유는 경매 방식에 대한 이해와 분석의 새 장을 열었기 때문이다. 비크리 방식의 변형은 특정 분야에서 효율성을 인정받고 있다. 대표적인 사례는 영국 이동통신 사업권 경매. 미국 라디오 주파수 분배에 쓰이는 경매의 변형이며 **동시오름입찰**이라는 이름으로 알려져 있다. 동시오름입찰은 스탠포드대학 폴 밀그롬^{Paul Milgrom} 교수가 처음 고안한 후

몇 차례 연구를 거쳐 다듬어졌으며, 이 방식을 채택한 국가들에게 이전 대비 5억 달러나 높은 수익을 안겨주었다.

이토록 획기적인 변화라니! 대체 어떤 원리일까? 동시오름입찰은 상승호가의 변형이다. 주로 유사한 상품 여러 개에 입찰할 때 쓰는 방법이다. 참가자는 동시에 공개되는 여러 상품에 마음대로 입찰할 수 있으며, 더 이상 입찰하려는 사람이 없을 때 중단된다. 경매에서는 누구도 빈손으로 돌아가고 싶지 않은 것이 인지상정. 그러니 참가자는 입찰에 실패할 조짐이 보이면 가격을 조금 낮춰 다른 사람에게 넘긴다. 결과적으로 판매자의 총 수익이 커진다.

이 모델이 가능하려면 입찰자들이 서로의 호가를 알고 있어야 한다. 그래서 영국 이동통신 사업권 경매에서는 실시간으로 모든 입찰가 조회가 가능한 웹사이트를 구축하고 전체 경매 과정을 자동화했다. 수익성과 투명성을 동시에 잡은 셈이다.

그밖에도 여러 경매 방식이 존재하지만 이만하면 주요 유형은 정리된 셈이다. 보다시피 경매는 (당연히) 주최 측 수익을 최대화하려는 목표에 따라 이런저런 형태를 띤다. 그러면 문득 이런 생각도 든다. 정치인들도 밀봉입찰을 해서 약속한 정책 중 하나를 반드시 시행하게 만들면 어떨까? 하나도 제대로 시행하지 않는 지금보다야 더 나아지지 않을까.

34장

유리병 속 사탕은 몇 개일까?

유리병 속 사탕이나 구슬을 눈대중으로 세어 본 적 있는가? 적어도 텔레비전 퀴즈쇼에서
이런 문제로 집단지성의 도움을 받는 것은 본 적 있을 것이다.
그런데 이런 다수의 도움 없이 퀴즈를 맞힐 묘수가 한 가지 있다.
수학을 알고 머리를 조금 굴리면 된다.

1906년 영국 플리머스에서 열린 가축 박람회는 평범하기 그지없었다. 그런데 이 박람회가 훗날 통계학, 심리학, 경제학, 세 분야에 걸쳐 지대한 영향을 미치게 될 줄을 누가 알았을까? 게다가 집단지성이나 대중의 지혜라는 개념까지 탄생시킬 줄은 아무도 몰랐을 것이다. 오늘날 위키피디아를 탄생시킨 협업 구조의 뿌리가 되리라는 것도 말이다.

믿기 어렵겠지만, 이 모든 것은 박람회장의 황소 몸무게 알아맞히기 대회에서 시작되었다. 통계학자 프랜시스 골턴 경Sir Francis Galton은 대회 참가자 800여 명이 찍은 예상치를 분석했고, 그 **중앙치**(상위 50%와 하위 50% 사이의 가운데 값)가 정답과 비교해 오차 범위 1% 미만에 들어간다는 사실을 발견했다. 참고로 〈네이처〉에 수록된 논문[*]에 따르면 중앙치가 543kg, 정답이 545kg이었다고 하니, 참가자들 의견을 다수결로 종합했을 때보다 더 정확했다.

집단 협업이라고 해서 완벽한 것은 아니다. 인터넷에 퍼진 가짜 정보가 진리로 둔갑하는 사례는 심심찮게 일어난다. 황소 이야기만 해도 박람회가 파리에서 열렸다는 둥, 골턴 경이 평균치를 연구했다는 둥(중앙치와 평균치는 다르다), 수없이 많은 가짜 정보가 인터넷 블로그에서 재생산되고 있다. 골턴 경이 박람회장을 구경했다는 (논문에선 전혀 추론할 수 없는) 이야기도 '아니면 말고' 식으로

---

[*] Francis Galton, 《The Wisdom of Crowds》, Nature, No 1949, vol. 75, 1907, p. 450-451.
http://wisdomofcrowds.blogspot.fr/2009/12/vox-populi-sir-francis-galton.html.

떠돈다. 정작 그는 황소 몸무게 계산에 평균치를 활용해보도록 누군가 권했다는 얘기를 언젠가 편집자에게 보낸 편지에 슬쩍 밝혔을 뿐이다. ('미스터 후커Mr Hooker'라고 알려진 이 지인은 **표본 평균**은 **전체 평균**과 유사하다'는 수학 원리를 이용해 골턴 경이 사용한 수치 중 일부만으로도 상당히 정확하게 황소 몸무게를 추측해냈다고 한다.)

집단지성의 성공 사례는 한둘이 아니지만 실패 사례도 적지 않다. 영국 퀴즈쇼 〈누가 백만장자가 되고 싶은가?〉에 등장한 다수결 찬스는 그런대로 성공한 축에 속한다. 물론 믿는 도끼에 발등 찍힐 때도 심심찮게 있었지만 말이다. 반면, 1999년 가리 카스파로프Garry Kasparov가 75개국 5만여 명의 체스 선수와 겨루고 전부를 이긴 사건은 명백한 옥에 티로 남았다.

한편, 집단지성을 논할 때면 어김없이 등장하는 또 다른 사례가 있다. 유리병에 사탕을 가득 담아 사람들에게 보여준 후 개수를 알아맞히게 하면, 그 평균값이 실제 유리병 속 사탕 개수와 얼추 비슷해진다는 것이다. 직접 실험해보지는 않겠다. 그보다 우리는 집단지성을 능가한 카스파로프처럼 혼자서도 거의 정확하게 사탕 개수를 맞혀 볼 참이다. 어쨌든 우리에게는 수학이 있으니까.

제일 간단한 경우는 사탕이 원형일 때다. 유리병은 대개 원기둥 모양이니, 사탕을 담은 유리병도 마찬가지라고 가정하고 부피를 측정한다. 잠시나마 유리병을 관찰할 시간이 있다면 바닥에 깔린 사탕 개수를 세어보면 좋다. 한 층에 몇 개씩 들어갔는지 알기 위해서다. 그런 다음 총 몇 층이 쌓여있는지 확인해서 두 값을 곱하면 대강 짐작할 수 있다.

하지만 사탕이란 것이 꼭 자로 잰 듯 층층이 쌓이지 않으니, 이 방법이 통하지 않을 때가 많다. 그러니 유리병 부피 구하는 법도 함께 알아두자. 사실 유리병은 대개 용량이 정해져 있어서 척 보면 1.5 ℓ 짜리인지 아닌지 감이 온다. 그게 아니라면 '사탕 지름의 몇 배'라거나 '몇 센티미터' 등으로 단위화해야 한다. 유리병 바닥의 반지름이 R, 높이가 h일 때, 부피는 $V_B = \pi R^2 h$가 된다.

$$V_B = \pi R^2 h$$

마찬가지로 사탕 한 알의 부피를 구한다. 사탕의 반지름이 r일 때, 부피는 $Vc = (4/3)\pi r^3$이다.

$$Vc = \frac{4}{3}\pi r^3$$

따라서 사탕 개수를 일차적으로 추산해보면 이렇다.

$$N = \frac{V_B}{V_C}$$

하지만 유리병이 사탕만으로 빼곡할 수는 없는 노릇이다. 자연히 그 사이로 빈틈이 생긴다. 그러므로 빈 곳의 부피도 고려해야 하는데, 여기에 관해서라면 이미 케플러 시대부터 고민해왔으니 오랜 역사를 자랑하는 문제라 하겠다. 당시 케플러는 효과적인 대포알 적재법을 연구하다가 대포알이 전체 공간의 최대 74%까지 채울 수 있다는 사실을 밝혀냈다. 하지만 유리병 속 사탕의 공간 활용도가 그 정도로 우수할 리는 없으니, 더욱 일반적인 연구 결과*를 참조하여 64% 정도라고 하자. 이렇게 사탕 개수를 구하면 다음과 같다.

$$N = \frac{V_B}{V_C} \times 0.64$$

사탕 모양을 약간 바꾸면 어떻게 될까? 목표는 같다. 여전히 부피를 구해야 한다. 다만 이번에는 M&M's 초콜릿으로 도전해보자. 납작한 타원형 초콜릿을 차곡차곡 쌓으면 **포장공간비율**은 75%까지 올라간다.

집단지성 이야기도 나왔으니 좀 더 호기심을 발휘해서 인터넷에 검색해보면, 깜찍한 M&M's 초콜릿 한 알의 부피는 0.636cm^3요,

---

* 《Study of the random pouring of oblate spheroids has implications for the design of high-density ceramic materials for use in aerospace》, Yenra, 27 mars 2004, http://yenra. com/particle-packing/.

긴 지름은 1.04*cm*, 짧은 지름은 0.4*cm*라고 한다. 신기하게도 앞서 밝힌 논문에 의하면 M&M's 초콜릿은 포장공간비율이 매우 우수하다고 한다. 그러니 다음과 같은 식이면 적당할 것이다.

$$N = \frac{V_B}{V_C} \times 0.68$$

마지막으로, 사탕 대신 동전을 넣으면 어떨까? 이 문제는 숙제로 남겨둔다. 당분간은 사탕만으로도 심심할 겨를이 없을 테니 말이다.

35장

사람보다 똑똑한 비둘기

뒤뚱대는 비둘기가 한심해 보일 때가 많지만, 이 새가 가진 놀라운 능력은
인정하지 않을 수 없다. 심리학 연구에 따르면 인간보다 영리할 때가 있단다.
특히 몬티 홀 딜레마가 전공이라고…….

몬티 홀 딜레마를 소개하자면 1960년대, 미국에서 한동안 방영된 TV 퀴즈쇼 〈거래를 합시다Let's Make a Deal〉 이야기부터 꺼내야 한다. 그 쇼의 진행자 이름이 바로 몬티 홀Monty Hall이다. 프로그램의 도전자는 최종 상품을 타기 위해 세 개의 문 중 하나를 골라야 했는데, 두 곳에는 염소가, 나머지 한 곳에는 자동차가 숨겨져 있었다.

당연히 도전자들 모두 자동차를 노렸다. 고민 끝에 그들이 문 하나를 선택하면 진행자는 나머지 두 문 중 염소가 서 있는 문을 하나 열어서 보여준 후 선택을 바꿀 기회를 준다. 처음 고른 문대신 닫혀 있는 다른 문으로 말이다. 그렇다면 이것은 절호의 기회다! 성공률이 두 배로 높아지니 당연히 바꿔야 한다. 처음에는 내가 고른 문에 자동차가 있을 확률이 1/3, 다른 문에 있을 확률이 2/3였다. 그런데 진행자가 오답 하나를 찾아 제거해 주었으니 2/3라는 확률은 고스란히 남은 문 하나에 집중된다. 고로 문을 바꾸면 성공률이 두 배로 뛴다. 자명하지 않은가?

그런데도 쉽게 이해하지 못하는 이들이 생각보다 많다. 진행자가 염소 문을 일단 열어 보이고 나면 성공률은 닫혀있는 두 문에 50%씩 새롭게 분배된다고 믿기 때문이다. 흔히들 하는 착각이다.

이해를 돕기 위해 처음부터 문이 1,000개 있었다고 상상해보자. 그럼 내가 고른 문에 자동차가 있을 확률은 1/1000이요, 그렇지 않을 확률은 999/1000다. 그리고 진행자가 그중 998개의 문을 열어 확인시켜주었다면 내가 선택하지 않은 나머지 문, 즉 999번째 문에 자동차가 있을 확률이 999/1000가 되는 것이다. 그래도 처음 선택을 고수하겠는가?

다시 퀴즈쇼 문제로 돌아와서, 문을 바꾸면 성공률이 두 배가 된다고 침을 튀겨가며 설명해줘도 의심의 눈길을 거두지 못하는 사람이 꽤 많다. 하지만 비둘기들은 이 힘든 문제를 의외로 쉽게 이해한다.

2010년 휘트먼컬리지의 J.슈로더J. Schroeder와 W.T.허브랜슨W. T. Herbranson이 발표한 실험 결과*에 따르면, 비둘기는 몇 번만 겪어 보면 선택을 바꾸는 게 유리하다는 사실을 쉽게 깨닫는다. 무려 96.33%의 비둘기가 그러했다. 반면 사람은 그 사실을 깨닫는 비율이 65.67%밖에 되지 않았다. 몇 번을 경험해도 65.67%라면 확률이 반반이라고 믿었을 처음과 비교해 별 차이가 없는 셈이다. 학습 효과가 거의 없었다고도 말할 수 있다. 아마도 실험 자체가 비둘기와 달리 우리를 속일 목적으로 진행되었기 때문이리라.

논문에 언급되지 않은 한마디를 덧붙이자면, 사람은 같은 상황을 여러 번 겪어본 끝에 상품이 다른 문에 있다는 사실을 알게 되

---

* Walter T. Herbranson et Julia Schroeder, 《Are Birds Smarter Than Mathematicians? Pigeons (Columba livia) Perform Optimally on a Version of the Monty Hall Dilemma》, Journal of Comparative Psychology, vol. 124, n° 1, 2010, p. 1-13, https://www.ncbi.nlm.nih.gov/pmc/articles/PMC3086893/.

더라도 선택을 바꾸려 들지 않을 것이다. 그보다는 (확률이 반반이라는 착각 속에서) 이 상황이 여러 번 반복되었으니, 다음번엔 분명자기가 고른 문이 정답일 차례라고 더욱 자신할 것이다. 이것이바로 **몬테카를로의 오류**다.

비둘기 이야기부터 마무리하자. 논문에도 명시되어 있지만, 실험에는 동물 학대 같은 강압이 전혀 없었다. 비둘기를 하얀 불이들어오는 세 개의 스위치 앞에 내려놓았을 뿐이다. 각각의 스위치는 서로 다른 모이통과 연결되어 있는데, 두 칸은 비어 있고 한 칸에는 비둘기가 좋아하는 모이가 들어있다.

실험이 시작되면 비둘기는 불빛이 들어오는 스위치 중 하나를부리로 쫀다. 그럼 연구원은 비둘기가 건드리지 않은 두 개의 스위치 중에서 모이가 없는 칸의 불을 끈다. 퀴즈쇼에서 몬티 홀이염소가 없는 문 하나를 열어 보인 것과 같은 맥락이다. 그러고 나면 처음에 비둘기가 쫀던 스위치와 쪼지는 않았지만 아직 불이 켜져 있는 스위치 하나가 남게 된다. 그다음에는 두 스위치에 녹색불이 들어온다.

둘 중 하나는 분명 모이통과 연결되어 있다. 확률은 각각 1/3과 2/3이다. 앞서 설명했듯 차이가 있는 것이다. 과연 확률이 높은쪽은 어디일까? 그 답을 첫날부터 찾아낸 똑똑한 비둘기의 비율은 전체의 36.33%였다. 같은 실험을 매일 수차례씩 반복하며 한

달이 지나자, 그 비율이 무려 96.33%로 늘어났다. 사람의 경우는 대학생을 대상으로 유사한 실험을 진행했지만, 앞서 말했듯 첫날 (56.67%)이나 한 달 후(65.67%)나 별 차이가 없었다.

비둘기는 정말 사람보다 영리한 것일까? 이 문제를 논할 만한 전문가는 아니지만 적어도 비둘기는 사람보다 조작당할 확률이 적은 듯하다. 특히 우연성에 관해서라면. 하지만 너무 부러워하지는 말자. 우리가 생각이 많아서 그런가 보다 생각하자.

아무튼, 언젠가 몬티 홀 딜레마 같은 상황이 눈 앞에 펼쳐진다면 그때는 고집 피우지 말고 선택을 바꾸기 바란다. 그 보상으로 성공률은 두 배나 높아질 것이다!

36장

얌체 같은 가짜 계정
귀신같이 알아내기

SNS의 막강한 콘텐츠 전달력은 누구나 인정한다.
장사꾼, 약장수, 정치인들도 모를 리가 없다. 최근 메릴랜드대학교 연구팀 논문에 따르면
얌체 같은 스팸 메일을 걸러내기엔 벤포드 법칙이 제격이라고!

요즘 인터넷에는 각종 광고 문구를
퍼뜨리는 '트위터 봇'이 왕성하게 활동 중이다. 정치인이든 마케
터든, 목표는 단 하나다. 지지 후보나 판매 상품에 유익한 뉴스를
'트렌딩 토픽'에 올리기 위해서다. 광고가 성가신 것은 물론이고
SNS의 순기능마저 해치고 있다.

무시하면 그만이라지만, 말처럼 쉽지 않다. 스팸 메시지는 트렌
드를 조작함으로써 허무맹랑한 인기몰이를 유도한다. 다행히 스
팸인지 아닌지 알아보는 여러 가지 방법이 개발되었다. 우리는 그
중에서 명백하게 효율적이며 간단하기 그지없고, 게다가 놀랍기
까지 한 해결책을 하나 살펴보려 한다. 바로 **벤포드의 법칙**(첫 자릿

수 분포의 법칙)이다.

벤포드 법칙을 설명하려면 미안하게도 또 로그 얘기를 꺼내야 한다. 그렇다고 책을 덮진 마시길! 그저 예전에는 로그가 지금보다 더 많이 쓰였다는 것만 기억하면 된다. 로그는 복잡다단한 연산을 간결하게 바꿔주는 마법의 도구다. 지수를 곱셈으로, 곱셈을 덧셈으로, 제곱근은 나눗셈으로 손쉽게 바꾼다. 신통하지 않은가? 그래서 바야흐로 컴퓨터 시대가 오기 전까지 로그 없이는 그 무엇도 하기 힘들었고(50년 전 공대생들의 필수품, **계산척도 로그**를 바탕으로 한다), 골치 아픈 계산을 업으로 하는 이들은 옆구리에 **로그표**를 끼고 살았다.

로그표는 우리가 찾아야 하는 로그 값들을 첫 자리 숫자 기준으로 모아놓은 일종의 장부처럼 생겼다. 가령 로그 145를 알고 싶으면 '1'에 해당하는 페이지를 찾아보면 된다.

1881년 어느 날, 미국의 수학자 겸 천문학자인 사이먼 뉴컴Simon Newcomb은 새삼스러운 사실을 깨닫는다. 자신과 동료들이 뒤적이던 로그표를 가만 보니 뒤쪽보다 앞쪽이 유난히 닳아있었다. 숫자라면 가리지 않고 찾아보았기에, 손때가 묻으려면 페이지마다 골고루 묻었어야 할 일이었다. 참 희한했다. 뉴컴은 지금껏 찾아본 숫자들의 첫 자릿수가 생각만큼 고르지 않고, 1이 가장 많고 그 다음은 2부터 9까지 순서대로 많았던 것이라고 결론지었다.

이유는 무엇일까? 세세한 설명은 수학자들에게 맡기고, 우리는 간단한 예를 통해 접근해보자.

- 임의의 두 값, 예를 들어 1과 25 사이에서 숫자를 몇 개 고른다.
- 이때 각각의 숫자가 뽑힐 확률은 같다.
- 하지만 첫 자릿수만 살펴보면 1로 시작할 때가 열한 번(1, 10, 11…), 2로 시작할 때가 일곱 번, 나머지 숫자들이 한 번씩이다.

물리학자 프랭크 벤포드Frank Benford는 이러한 속성에 주목했고 비록 뉴컴보다 50여 년이나 뒤졌지만 발견의 영예를 독차지했다. 자기 이름을 딴 법칙이 생겨났으니 말이다. 재미나게도 벤포드 법칙은 법정 증거로까지 쓰인다. 첫 자리 숫자의 배열이 뜬금없는 양상을 보이면 회계 장부가 조작되었음을 의미하기 때문이다.

벤포드 법칙도 어긋날 때가 있다. 그러나 생뚱맞은 배열에는 보통 정당한 이유가 있다. 바르세나스 사건*이 터졌을 때도 해당 문서의 수치가 벤포드 법칙에 어긋나는 것을 근거로 문서 조작을 확신한 수학자가 있었다. 6으로 시작하는 숫자가 비정상적으로 많았기 때문이다. 그 경향은 페세타가 유로로 전환된 2002년부터 두드러졌고, 뿌리를 캐보니 원래는 모두 1로 시작하는 금액이었다. 환율을 페세타로 돌려놓으니 벤포드 법칙이 귀신같이 맞아떨어졌다.

다시 처음 주제로 돌아와서, 벤포드 법칙은 어떻게 트위터 봇을 잡아내는 것일까? 메릴랜드대학교 제니퍼 골벡Jennifer Golbeck 교수는 **자아중심적 네트워크**egocentric network에 주목했다. 특정 꼭짓점의 팔로워 수와 구독 횟수를 확인하는 방식이었다. 그렇게 총 2만 1천 개 사례를 연구하자 거의 모든 숫자 목록이 벤포드 법칙에 순응

---

* 스페인 국민당의 전직 회계 책임자이던 루이스 바르세나스를 상대로 제기된 불법 정치 자금 소송. — 옮긴이주

했고, 여기서 벗어난 숫자들의 출처가 되는 170개 트위터 계정을 살펴봤다. 과연 대부분이 '댓글봇'이었다. 의도는 알 수 없지만, 세계적인 문학 작품 인용구를 나열한 계정도 상당수 있었다. 정상적인 '인간' 사용자의 계정은 170개 중 단 두 개에 불과했다.

37장

전선을 끊기 전에
생각할 것들

아메리카노, 전염병, SNS, 그리고 토기. 생뚱맞은 이 네 가지에 묘한 접점이 있다.

6단계 분리 이론에 따르면 지구촌 모두가 여섯 다리 건너 서로 아는 사이란다.

그런데 그중 한 곳이 끊어진다면, 어떤 일이 발생할까?

특정 집단을 네트워크에서 차단하려면, 혹은 전염병으로부터 보호하려면 몇 개의 고리를 끊어야 할까? 놀랍게도 이와 유사한 맥락에서 벌어지는 현상들은 모두 하나의 이론으로 모형화할 수 있다. 바로 **퍼콜레이션 이론**이다.

퍼콜레이션은 물리학과 화학을 비롯한 공학의 여러 갈래에서 다루는 연구 주제지만, 지금은 그래프와 접목해 **조합수학**의 측면에서 살펴보려 한다. 혹시 그새 잊어버렸을 독자들을 위해 잠시 상기하자면, 그래프는 꼭짓점이라는 점들과 그 사이를 잇는 모서리라는 선들의 집합이다. 여기서는 다음과 같은 그래프를 놓고 생각해보자.

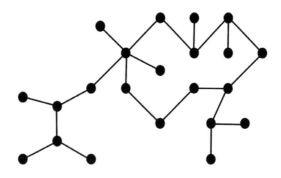

이 그래프에서 꼭짓점은 초등학교 같은 반 자녀를 둔 가정을 가정한다. 그리고 친분이 있는 학부모끼리는 모서리로 연결되어 있다. 그래프가 크지 않아 이들이 직접적이든 간접적이든 서로 연락을 주고받을 수 있다는 사실이 한눈에 들어온다. 아래 그래프에서 A가 B에게 할 말이 있다면 사이에 놓인 빨간 점들을 소식통으로 삼을 수 있는 것이다.

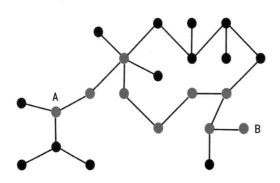

하지만 다리 역할을 해줄 집들이 서로 다투기라도 하면 A와 B는 연락을 못 할 수도 있다. 예컨대 아래 그래프 속 빨간 모서리의 관계가 틀어졌다면 말이다.

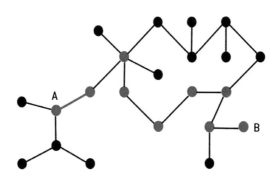

A와 B의 연락망에 아무 영향을 주지 못하는 사이도 있다. 예를 들어 다음 그래프의 빨간 모서리가 끊어지더라도 A와 B는 다른 경로로 연락할 수 있다.

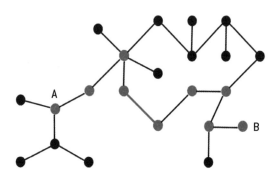

같은 반 학부모들의 관계가 다음과 같다면 전혀 교류하지 못하는 꼭짓점들도 생긴다. 세 그룹이 서로 완전히 분리되어 있기 때문이다.

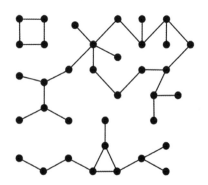

이런 영역을 다루는 이론이 퍼콜레이션이다. 주어진 그래프에서 하나의 꼭짓점이 다른 꼭짓점과 교신하려 할 때 어떤 경로를 거쳐야 하는지가 주요 연구 과제다. 마치 물줄기가 커피머신 필터를 통과하거나 황토 그릇 내벽에 스며들 때처럼 목표를 향해 요리조리 길을 찾아야 한다. 그렇다면 시스템의 이편에서 저편으로 정보가 전달되기 위해 갖춰야 할 조건은 어떤 것이 있을까? 새로운 예를 하나 들어보자. 초대형 장기판 같은 격자판이 하나 있다고 하자.

- 각 칸에 졸병 말이 놓일 확률은 p다. 따라서 졸병 말이 놓이지 않을 확률은 1-p다.
- 말을 놓을지 말지는 동전을 던져 결정한다. 따라서 p는 1/2이고, 1-p도 1/2이다.
- 우리 목표는 장기판의 맨 앞에서 반대의 끝으로 왕을 옮기되, 한 번 멈춘 칸에는 다시 멈추지 않는 것이다.

이제 성공률 100%를 보장하는 p 값을 구하고자 한다. 그러니까 졸병은 왕이 장기판을 가로지르는 것을 방해하는 장애물이다. 예를 들어 왕이 다공질 벽을 통과하는 물 분자라고 상상하고 이 분자가 벽을 완전히 통과하려면 어떻게 해야 할까?

p 값을 다음처럼 바꿔가며 시뮬레이션해보면 p가 높을수록 색

칠된 칸(검은색)이 많아져서 물줄기가 왼쪽에서 오른쪽으로 침투하기 힘들어진다는 것을 알 수 있다.

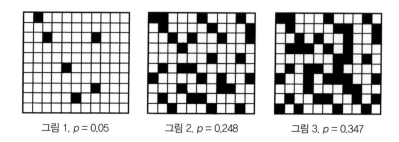

그림 1. $p = 0.05$ 　　　그림 2. $p = 0.248$ 　　　그림 3. $p = 0.347$

그렇다면 p가 얼마일 때 왕이 무사히 장기판을 통과할 수 있을까? 이미 뚝딱 계산해서 답을 찾았으리라 믿는다. 정답은 각 칸에 졸병 말이 놓일 확률 p가 0.67680165 이하일 때다.

$$p \leq 0.67680165$$

척 보면 답이 나오지 않는가? 농담이다. 설마 그렇겠는가. 솔직히 말해, 그래프 퍼콜레이션 문제는 풀기가 여간 까다로운 게 아니다. 하지만 일단 해결하면 여러모로 요긴하다. 전화나 컴퓨터 같은 복합연결망 연구에서 특정 분기점의 장애 발생 취약도를 파악하는 데 쓰이고 네트워크에서 이런저런 케이블을 끊어도 문제가 없는지 확인할 때도 쓰인다.

이제 우리도 퍼콜레이션 이론을 배웠으니 전선이든 친구 관계든 무언가를 끊기 전에는 조금 더 신중해져야겠다. 보이지 않지만 중요한 것을 함께 잃을 수도 있으니까.

38장
환경미화원과 택배기사는
어디로 다닐까?

낮선 동네에서 한 번 지난 길을 다시 지나게 될 때가 있다. 우리야 그렇다 쳐도,
갈 길 바쁜 환경미화원과 택배기사에게는 피하고픈 일이 분명하다.
이번에도 수학이 도움을 줄 수 있을까? 두말하면 잔소리다.

한 번 지난 길은 두 번 다시 지나지 않도록 효율적인 경로를 짠다는 것은 환경미화원과 택배기사의 시간을 절약해주는 일이자 경비를 절감하는 일이며, 나아가 환경 보호에 이바지하는 길이다. 이렇게 좋은 일이라면 마땅히 수학이 나서야 한다. 아니, 정확히 말해 이 문제는 이미 수학 역사의 한 획을 그은 바 있다. 그래프이론으로 시작하고 그래프이론이 풀어낸 최초의 문제이자 수학의 새 분야를 탄생시켰으니 말이다.

때는 바야흐로 18세기. 오늘날 칼리닌그라드로 알려진 프로이센의 쾨니히스베르크에는 프레겔강을 건너는 일곱 개의 다리가 있었다. 이 도시는 다소 독특한 지형을 갖고 있었는데 강의 지류

에 따라, 아래 그림처럼 네 구획으로 나뉘어있었다.

쾨니히스베르크

그런데 어느 날, 누군가 이런 질문을 던진다.

"쾨니히스베르크의 한 지점에서 출발해
프레겔강의 일곱 다리를 단 한 번씩, 모두 건널 수 있는가?"

'뻔한 조언을 무시해도 되는 이유'에서 소개했듯, 이 수수께끼는 **쾨니히스베르크의 다리 건너기**라는 이름으로 유명하다. 그런데 여기서는 출발점과 도착점이 같아야 한다는 조건은 없다. 만약 이 조건을 붙인다면 문제는 다음과 같이 바뀌었을 것이다.

"쾨니히스베르크 한 지점에서 출발해
프레겔강의 일곱 다리를 단 한 번씩, 모두 건넌 후
다시 출발점으로 돌아올 수 있는가?"

내용은 다르지만 두 질문 모두 한 사람의 손에서 풀렸다. 수학 역사상 손꼽히는 천재, 레온하르트 오일러Leonhard Euler가 주인공이다. 물론 그는 그래프이론의 창시자이기도 하다. 그의 해법은 프레겔강 건너기를 넘어, 같은 길을 반복해서 지나지 않고 도시를 한 바퀴 도는 경로가 있는지 확인할 때도 무척 유용하다. 다리 건너기 문제를 조금만 달리 접근하면 도시를 이루는 각 동네가 꼭짓점이 되고 동네를 잇는 다리는 모서리가 된다.

쾨니히스베르크

그러고 나면 다리 건너기 문제는 다음과 같이 바뀐다.

"한 번도 붓을 떼지 않은 채

같은 곳을 두 번 지나지 않고 그래프를 그릴 수 있는가?

그리고 출발점으로 되돌아올 수 있는가?"

오일러 이론에 따르면 두 질문의 답은 모두 '아니오'였다. 그리고 출발점과 도착점이 같고 모든 변을 한 번씩만 지나는 그래프들은 그의 이름을 따서 오일러 그래프라 불리게 되었다. 좀 더 수학적으로 다시 설명하자면 오일러 그래프는 각 꼭짓점에 연결된 모서리 개수가 모두 짝수여야 하며, 출발점과 도착점이 같은 오일러 회로는 단 두 개의 꼭짓점이 홀수 개 모서리와 연결되어야 한다.

하지만 쾨니히스베르크 다리 그래프에서는 각 꼭짓점에 연결된 모서리가 모두 홀수 개였다. 따라서 **오일러 그래프**에 해당하지 않

는다. 또한 출발점과 도착점이 달라지기 때문에 모든 길을 한 번씩
만 지나 제자리로 돌아와야 하는 **오일러 회로**도 성립하지 않는다.

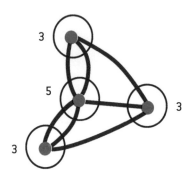

다리 건너기 수수께끼는 빙산의 일각일 뿐이다. 오일러 그래프
는 모든 길을 한 번씩만 지나는 경로를 구해야 하는 모든 분야에
서 활용된다. 앞서 말했듯 한 꼭짓점에 연결된 모서리가 홀수 개
여서도 안 되고, 홀수 개 모서리와 만나는 꼭짓점이 두 개 이상이
어서도 안 된다는 조건만 성립하면 된다.

만약 이 모든 조건이 충족된다면 그때는 어떻게 접근해야 할
까? 다시 말해, 우리 동네 그래프에서 모든 꼭짓점이 짝수 개 모서
리와 만난다면, 어디서 시작해 어디로 움직여야 모든 길을 단 한
번만 지나 제자리로 돌아올 수 있을까? 아주 간단한 해법이 하나
있다. 예를 들어 우리 동네가 다음과 같이 생겼다고 하자. 좀 작긴
하지만 이해를 돕기엔 안성맞춤일 것이다.

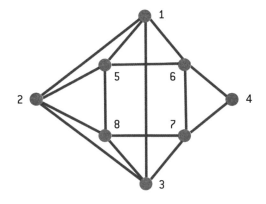

이 그래프에서는 모든 꼭짓점이 짝수 개 모서리와 연결된 것을 확인할 수 있다. 모든 모서리를 한 번씩만 지나 출발점으로 되돌아오는 오일러 회로라는 뜻이다. 모든 지도가 이렇게 간단하다면, 오일러 회로 찾기는 식은 죽 먹기겠지만 현실은 그리 녹록지 않다. 이보다 훨씬 방대하고 더욱더 복잡하다. 그래서 알고리즘의 도움을 받아야만 하는데, 이 알고리즘을 만들어낸 사람이 독일 수학자 카를 히어홀처Carl Hierholzer다. 그는 창시자도 미처 밝히지 못한 오일러 공식의 난제를 증명해낸 인물이다.

1. 우선, 주어진 그래프에서 간단한 회로(경로)를 하나 찾는다.
   - 이 회로는 모든 꼭짓점을 지나지 않아도 된다.
   - 아래 그림을 예로 들면 1번 꼭짓점을 기준으로 할 때 회로 (1-2-3) 정도면 적당하다.

- 이 꼭짓점들의 집합을 C라고 하자.

$$C = \{1, 2, 3\}$$

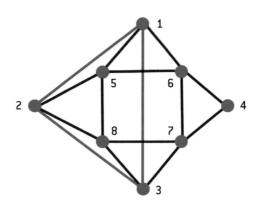

2. 집합 C에 해당하는 회로를 모두 지우고, 집합 C의 꼭짓점 중
일부를 지나는 또 다른 회로를 찾는다. 회로 (1-5-6)을 골랐
다면 집합 C의 원소 1을 (1-5-6-1)로 치환하여 다음 집합을
얻는다.

$$C = \{1, 5, 6, 1, 2, 3\}$$

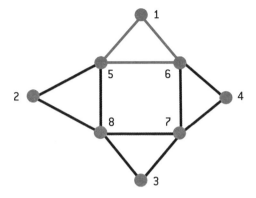

3. 이 회로도 지우고, 간단한 회로를 하나 더 찾는다. 회로 (2-
5-8)을 골랐다면 집합 C의 원소 2를 (2-5-8-2)로 치환하여
다음 집합을 얻는다.

$$C = \{1, 5, 6, 1, 2, 5, 8, 2, 3\}$$

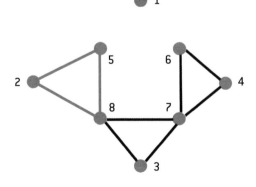

4. 이 회로도 지우고, 간단한 회로를 하나 더 찾는다. 회로 (3-7-8)을 골라 치환 과정을 거치면 다음 집합이 생긴다.

$$C = \{1, 5, 6, 1, 2, 5, 8, 2, 3, 7, 8, 3\}$$

5. 마지막으로 회로 (6-7-4)를 대입한다.

$$C = \{1, 5, 6, 7, 4, 6, 1, 2, 5, 8, 2, 3, 7, 8, 3\}$$

6. 시작점에 해당하는 1을 덧붙이고 집합을 닫는다.

$$C = \{1, 5, 6, 7, 4, 6, 1, 2, 5, 8, 2, 3, 7, 8, 3, 1\}$$

이렇게 하면 모든 꼭짓점을 한 번씩만 지나 제자리로 돌아오는 회로가 완성된다.

만약 이렇게 했는데도 오일러 회로가 아닌, 출발점과 도착점이 다른 경로가 나온다면 그건 그 그래프에 홀수 개 모서리와 만나는 꼭짓점이 두 개이기 때문이다. 그럴 때도 방법은 있다.

- 두 점을 각각 X와 Y로 놓고, 주변에 임의의 꼭짓점 Z를 하나 만들어서 X, Y에 연결한다.

- 그러고서 앞서 설명한 방법을 다시 시도한다.
- 다 끝나면 C에서 X와 Y를 연결한 모서리를 지운다.

이만하면 수학은 약방의 감초라 해도 아깝지 않겠다. 그럼 끝으로, 우리 동네 지도에도 오일러 회로가 성립할까? 이 질문은 각자의 몫으로 남겨두자.

39장

비슷한 꼴은
죽어도 못 참겠다면

여름은 변화의 계절이다. 간만의 휴가를 맞아 집안 분위기를 바꾸려는 이들에게는
더욱더 그럴 것이다. 미룰 수 없어서, 혹은 색다른 멋을 찾아서라는데,
봐도 봐도 새로운 매력에 대해 논하자면 펜로즈 타일링을 빼놓을 수 없다.
이참에 우리 집 욕실 타일도 새롭게 해보면 어떨까?

모자이크는 아득한 옛날부터 인류 생활 곳곳을 장식해왔다. 무수한 동굴 벽화 문양부터 모자이크의 절정이라 할 수 있는 스페인 그라나다의 알암브라 궁전까지. 반복되는 패턴이 보는 이에게 묘한 감흥을 주는 게 틀림없다. 특히 알암브라 궁전은 네덜란드 판화가 마우리츠 코르넬리스 에셔Maurits Cornelis Escher의 작품에 지대한 영향을 준 것으로도 유명하다. 궁전 장식에서처럼 에셔의 작품에서도 반복 패턴이 중요한 역할을 하기 때문이다. 그리고 지금 우리가 살펴볼 모자이크에서도 반복은 미의 핵심을 이루는 요소다. 적어도 수학적 관점에서는 말이다. 자, 그리하여 지금 다룰 주제는 바로 **비주기적 타일링**이다.

비주기적 타일링이 무엇인지 이해하려면 **주기적 타일링**부터 알아야 한다. 블럭이든 타일이든 여러 조각을 이어 붙여 다음과 같이 평면을 장식했다고 하자.

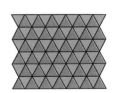 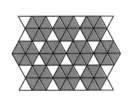 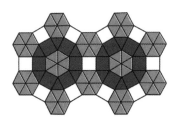

이 무늬 사이에 가끔 정사각형이 섞여 있긴 하지만 모두 정삼각형을 이용한다는 공통점이 있다. 그뿐만 아니라 전체 중 한 구역

만 갖고도 타일링을 확장하는 데 필요한 규칙을 파악할 수 있다. 어떻게 반복해야 타일링 패턴을 이어나갈 수 있는지 알 수 있다는 뜻이다. 좀 더 논리적으로 말해서, 어디든 임의의 점 P를 하나 잡으면 서로 평행하지 않은 두 방향에 놓인 Q와 R을 파악할 수 있다. 세 점 중 어디를 기준으로 하든 모자이크가 완벽하게 똑같아 보이는 타일링, 이것이 주기적 타일링이다.

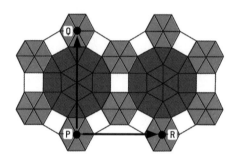

위 그림에서처럼 P라는 한 점을 잡으면 서로 평행하지 않은 두 방향의 Q와 R을 쉽게 찾을 수 있다. 그리고 세 점 중 어디서 보든 모자이크는 동일한 형태를 띤다. P를 어디로 옮기더라도 마찬가지다.

그렇다면 비주기적 타일링은 무엇일까? 이등변삼각형 한 가지로 구성된 간단한 예를 살펴보자.

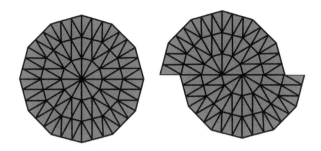

위 그림에서는 모자이크의 중심점을 다른 점으로 대치할 수가
없다. 이처럼 어떤 지점과 패턴이 완벽하게 똑같아 보이는 다른
지점이 존재하지 않는 것이 비주기적 타일링이다.

앞의 두 가지 예로 볼 때, 이등변삼각형은 주기적인 패턴과 비
주기적인 패턴 모두에 사용할 수 있다. 하지만 정육각형은 그렇지
않다. 단 하나의 패턴, 벌집 모양으로 된 주기적인 타일링 외에는
만들어낼 수 없다. 그렇다면 혹시 비주기적 패턴 외에는 만들 수
없는 도형도 존재하지 않을까?

비주기적 타일링은 20세기 중반, 여러 학자의 도전 정신을 자극
했다. 특히 1960년대, 중국계 미국인 수학자 하오 왕Hao Wang이 아
무리 조합해도 비주기적 타일링밖에 만들 수 없는 이른바, **비주기
적 도형 조합**의 존재에 의문을 제기하면서 논란이 불붙었다. 여담
이지만 그는 이 문제를 수학과 정보과학이론의 바탕이 되는 **괴델
의 불완전성 정리**와 연결 짓기도 했다. 아무튼 그는 비주기적 도형
조합은 존재하지 않으며 어떤 도형 조합이든 주기적 패턴을 만들

수 있다고 확신했다. 그리고 그의 예상은 보기 좋게 빗나갔다.

 몇 년 후, 하오 왕의 제자이자 훗날 그래프이론의 대가로 이름을 날린 로버트 버거Robert Berger가 비주기적 패턴만 만들어 내는 도형 조합이 존재한다는 사실을 증명했다. 무려 20,426개의 서로 다른 도형을 짜 맞춘 결과였다. 그러자 너도나도 새로운 도형 조합 찾기에 뛰어들었다. 그도 그럴 것이 출발점이 20,426개라면 개선의 여지가 충분하지 않은가? 버거 자신도 줄이고 줄여서 104개까지 낮춰놓았으니 꽤나 진전을 본 셈이다. 하지만 이 정도로 만족할 수학자들이 아니었다. 1968년 도널드 크누스Donald Knuth가 92개, 1971년 라파엘 로빈슨Raphael Robinson이 56개까지 줄여놓았다. 이렇게 등장한 일련의 도형들은 모두 정사각형의 변형으로 고만고만한 모양새였다.

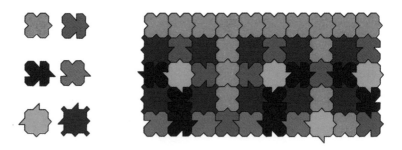

 이 정도만 해도 대단해 보이지만 아직 끝이 아니다. 주인공 로저 펜로즈Roger Penrose가 등장할 차례다. 1974년, 펜로즈는 무려 사백 년 전 발표된 케플러의 논문에서 영감을 받아 단 여섯 개의 조각으로 이루어진 비주기적 도형 조합을 찾아내고 말았다. 더구나 흔해 빠진 사각형 대신 오각형을 기본으로 했다. 이미 '여섯 개'라는 데서 게임은 끝난 셈이었지만, 그로부터 2년 후 펜로즈는 (적어도 지금으로서는) 세계 최고 기록을 달성한다. 단 두 개의 비주기적 도형 조합을 찾아낸 것이다. 이 조합은 독특한 생김새 탓에 화살촉dart과 연kite이라고 불렸다. 이렇게 감동적인 순간은 쉽게 찾아오지 않는 법.

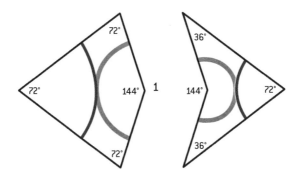

단순하고도 어여쁜 모양새를 보시라. 이 두 조각에 색을 입힌 선을 고불고불 이어가면 그 묘미가 이루 말할 수 없다는 것을 다음 그림에서 확인할 수 있다.

두 조각을 규칙적으로 이어붙이면 벽면 가득 비주기적 타일링으로 채울 수 있다. 게다가 아름답기까지 하다! 선을 연결해나가되 화살촉과 연 모양을 아래처럼 바꾸는 방법도 있다.

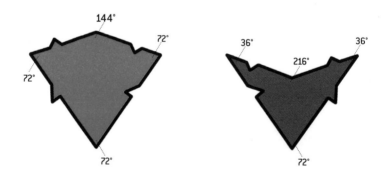

이제 관건은 타일링 기술이다. 틈이 벌어지거나 타일이 겹치지

만 않으면 우리 집 욕실도 얼마든지 세련미를 담을 수 있다. 이런 매력 탓에 펜로즈 타일링은 수많은 연구의 대상이 되어 왔고, 그 결과 다양한 속성이 발견되었다. 화살촉과 연이 황금비를 이룬다는 것, 그리고 펜로즈 타일링에서는 항상 **피보나치 수열**이 나타난다는 것도 그중 하나다.

펜로즈와 타일링 기법에 대해서는 언젠가 다시 얘기하기로 하고, 이제는 일어나 공사를 시작해도 좋다. 마음이 그러하다면!

40장

인과관계는 상관관계를 수반하지만 그 반대는 성립하지 않는다

치즈 소비량과 골프장 수익의 관계는? 없다! 당연한 말이다.
그런데도 미국에서 발행된 데이터 수치를 보면 두 항목이 나란히 증감하고 있다.
그렇다면 여기서 도출할 수 있는 결론은 무엇일까? 역시 없다. 아무것도.

'상관관계는 인과관계를 수반하지 않는다'는 말을 한 번쯤 들은 적 있을 것이다. 적어도 방금 제목으로도 읽었다. 그렇다면 상관관계는 무엇이며 왜 알아야 할까? 그리고 두 데이터가 상관관계가 있다는 것은 어떻게 단언할 수 있을까? 이 질문들과 여기에 꼬리를 물고 이어질 질문에 답해보려 한다.

미국에서는 치즈 소비량과 골프장 수익이 직접적이고도 명확하게 얽혀있다는 것을 다음 그래프를 보면 알 수 있다.

일인당 치즈 소비량과 골프장 수익의 상관관계

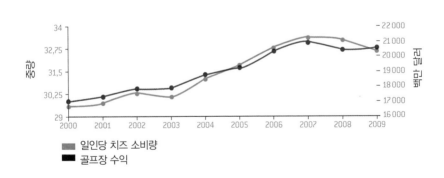

빨간 선은 2000년부터 2009년까지 미국 내 일인당 치즈 소비량

을(계량 단위: 파운드, 1파운드=453g), 검은 선은 같은 기간의 골프장

수익을 보여주고 있다(단위: 백만 달러). 자료를 분석한 결과, 두 데이터의 상관계수는 0.989705다.

상관계수는 1에 가까워질수록 두 데이터가 직접적 상관관계가 있음을 보여주는 지표다. 따라서 치즈 소비량이 늘수록 골프장 사업이 더 잘된다는 의미다. 하지만 치즈와 골프장이라니, 이건 누가 봐도 연관성을 찾을 수 없는 별개의 분야다. 치즈를 먹는다고 골프를 더 치게 될 리 없고, 골프를 친다고 치즈를 더 먹게 될 리도 없다. 이럴 때 하는 말이 바로 '상관관계는 인과관계를 수반하지 않는다'이다.

하지만 그 반대는 성립한다. 어떤 행위가 어떤 결과를 유발한다면, 즉 인과관계가 있다면 관련 데이터를 분석했을 때, 반드시 상관관계가 나타나기 마련이다. 이 내용을 잘못 이해하면 다음과 같은 논리적 오류에 빠지기도 한다.

A이면 B이다.

따라서 B이면 A이다.

이른바 **후건 긍정의 오류**다. 간단한 예를 들자면 다음과 같다.

명제: 비가 오면 땅이 젖는다.

후건 긍정의 오류: 땅이 젖었으니 비가 온 것이다.

↓

반박: 땅이 젖었다고 늘 비가 온 것은 아니다.

이번에는 통계 수치를 동원해보자. 비료를 바꿀지 말지 고민 중인 농부가 한 명 있다. 그는 나주평야처럼 아주 드넓은 밭을 갖고 있는데, 대대적으로 비료를 바꾸기 전에 새 비료를 쓰면 정말로 거두는 곡식의 양이 높아질지 간단히 확인해보고 싶었다. 그래서 밭 한쪽에 일정 기간 조금씩 새 비료의 투입량을 높여가며 시험해보았고, 수확량과 투입량을 주기적으로 기록한 결과, 다음의 그래프를 얻었다. (이해를 돕고자 간단한 버전으로 만든 데이터라는 것을 밝힌다.)

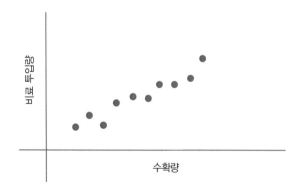

이런 그래프가 나왔다면 대개는 '투입량을 높이면 농사가 잘된다'고 생각할 것이다. 하지만 그렇지 않다. 이 결과에서 우리가 알 수 있는 검증된 사실은 '두 수치가 **양의 상관관계**를 보인다'는 것뿐이다. 하나가 상승할 때 다른 하나도 상승하고, 하나가 감소할 때 다른 하나도 감소할 뿐이다. 결코 하나가 다른 하나의 원인이라는 뜻이 아니다. 두 수치가 서로의 증감에 영향을 미친다는 증거는 없다. 제목이 알려주듯, 인과관계는 상관관계를 수반하지만 상관관계는 인과관계를 수반하지 않는다. 하지만 아래 그래프에서처럼 빨간 점들이 직선에 '가까운' 배열을 보이는 것을 보면 상관관계만큼은 인정할 수 있다.

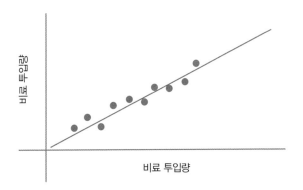

만일 점들이 다음 그래프처럼 중구난방 흩뿌려져서 직선에 '가까운' 배열이라고 도저히 볼 수 없다면 아무 결론도 도출할 수 없을 것이다. 뭔가 다른 유형을 가진 비선형적 상관관계가 존재하는 것이 아니라면 말이다.

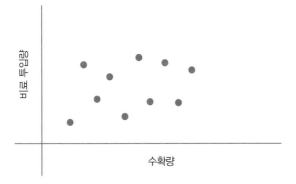

원칙적으로 말해 결론이 확실한 경우는 다음 그래프가 나왔을 때뿐이다. 이럴 때는 비료 상인에게 단단히 퇴짜를 놓아도 된다.

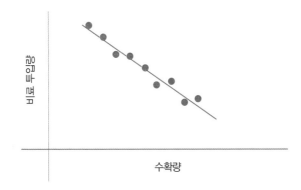

이렇게 **음의 상관관계**가 나타난다면 비료가 곡식 생산에 부정적으로 작용한 것이 틀림없다. 좋은 영향을 끼쳤다면 적어도 양의 상관관계가 나와야 하는데, 음의 상관관계를 보였다는 사실은 비료가 좋지 않게 작용했다는 증거다.

이렇게 세상에는 치즈와 골프장 이야기처럼 상관관계는 보이지만, 실제론 아무 상관이 없는 이상한 통계들이 차고 넘친다. 치즈와 골프장이 직접적 상관관계를 보이는 것처럼(치즈를 많이 먹을수록 골프장 수익이 높아지는 것처럼), 생크림 소비량과 기아로 인한 사망자 수는 희한하게도 음의 상관관계를 보인다(생크림을 많이 먹으면 굶어 죽는 사람이 줄어든다).

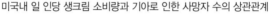
미국내 일 인당 생크림 소비량과 기아로 인한 사망자 수의 상관관계

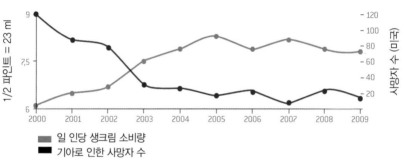

뿐만 아니다. 니콜라스 케이지의 작품 활동과 헬리콥터 사망 사고도 음의 상관관계를 보인다니, 세상은 참 요지경이다.

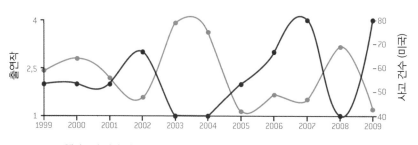

니콜라스 케이지 출연작 수와 헬리콥터 사망 사고의 상관관계

핼리콥터 사망 사고 건수
니콜라스 케이지 출연작

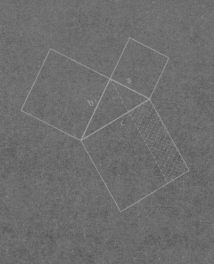

5부

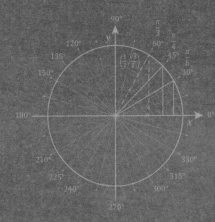

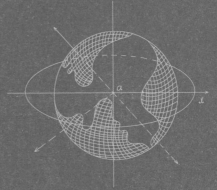

실수와 무리수를
즐기는 그날까지

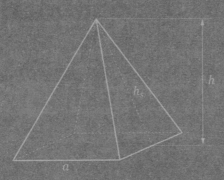

41장
지하철 노선도마저 수학이라니

혹시 지하철을 탄다면, 그리고 노선도를 가만히 들여다본 적 있다면,
그 모양새가 무언가와 닮았다고 느낀 적이 있으리라. 그렇다. 전기회로도다.
오늘날 우리가 보는 지하철 노선도는 전기공학도의 작품이다.
그리고 이 얽히고설킨 색이 있는 선 뭉치에도 수학이 한 다발 숨어있다.

수학자들은 종종 공학자들을 놀려 댄다. 순전히 우정의 의미에서다. 그렇다고 물리학자, 화학자, 생물학자라고 딱히 봐주지도 않는다. 그냥 수학자들이 원래 그리 짓궂은 것을 어쩌랴. 악의가 없다는 것만 알아주기 바란다. 하지만 그런 수학자들도 공학자들이 이뤄놓은 수많은 업적은 깍듯이 인정한다. 그중에서 특히 인상적인 것을 꼽으라면 내게는 헨리 백$^{\text{Henry Beck}}$이 고안한 런던 지하철 노선도. 무명의 영국 공학자가 20세기 디자인 콘셉트의 한 페이지를 장식하는 대단한 사건이었다.

최초의 런던 지하철 노선도는 평범한 지도에 불과했다. 런던 지도 위에 노선들을 실제에 가깝게 그려 넣고 해당 지점마다 정거장

을 표시했다.

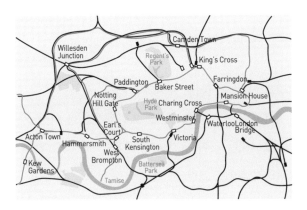

1930년 이전 런던 지하철 노선도

하지만 곰곰이 생각해보면 승객들로서는 지하철이 어디 어디를 거쳐 이동하는지는 전혀 궁금한 일이 아니다. 1931년의 헨리 백도 마찬가지였다. 그저 자기가 타고 내릴 정거장의 상대적 위치(해당 노선의 몇 번째에 있는지)와 노선들의 교차점(환승역)만 알면 그만이었다. 좀 더 그럴싸한 말로는 지하철 **위상지도** 한 장이면 충분한 것이었다. 이런 관점을 반영해서 실제 경로와 상관없이 단순하게 그려낸 노선도라면 어떨까? 이곳저곳을 누비는 구불구불한 선을 모두 걷어내면 보기에 깔끔하고 읽기도 쉬워지기 마련이다.

수학적 관점에서 볼 때, 노선도는 일종의 그래프와 같다(이쯤 되면 그래프가 꿈에 나올지도 모르겠다). 정거장은 꼭짓점으로, 그 사이를 잇는 노선은 모서리로 생각하면 된다. 그래프에서 중요한 것은 오직 꼭짓점 사이의 관계다. 피로연 좌석을 배정할 때도 최고의 좌석 배치도를 만들기 위해 하객들을 꼭짓점으로, 서로의 관계를 모서리로 표현함으로써 두 사람이 동석 가능한 사이인지 확인하지 않았던가. 지하철 노선도도 마찬가지다. 두 정거장을 잇는 노선을 두 꼭짓점을 잇는 모서리로 표현하면 된다.

런던 지하철 노선도를 그래프로 표현하기로 한 이상, 가능한 한 깔끔하게 그려내는 것이 관건이다. 문제는 '어떻게'다. 같은 그래프라도 각양각색으로 그릴 수 있고 어떤 형태를 택하는지에 따라 효과는 천차만별이다. 실제로 최적화된 그래프 형태를 찾기 위한 **그래프 드로잉**graph drawing 분야가 따로 존재할 정도이며, 그 분야에서는 온갖 골치 아픈 문제들과 수많은 응용 사례를 다루고 있다. 맛보기로 아래 네 가지 그래프를 살펴보자.

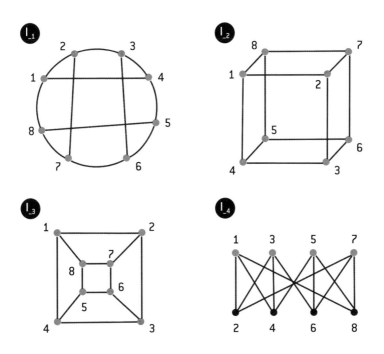

I-1번은 **해밀턴 그래프**다. 모든 꼭짓점을 한 번씩만 거쳐 출발점 으로 되돌아오는 경로를 보여준다. 앞서 언급했던 택배나 환경미 화 차량의 노선을 짤 때 더없이 유용하다. I-2번은 균일함이 돋보 인다. 모든 꼭짓점에 연결된 모서리 개수가 같다는 사실이 한눈에 들어온다. 평면으로 표현한 I-3번은 모서리가 서로 교차하지 않기

때문에 회로도를 그리기 안성맞춤이고, I-4번은 두 가지 색만 있으면 같은 색끼리 연결되지 않도록 꼭짓점을 모두 칠할 수 있다는 데 초점을 맞췄다. 앞서 살펴본 피로연 자리 배정 문제에서 테이블이 두 개뿐이라면, 이 그래프를 써서 쉽게 해결할 수 있다.

그리고 눈치챘겠지만 네 그래프는 모두 같다. 표현법이 바뀌며 강조점만 달라졌을 뿐이다. 용도에 맞는 그래프 선정이 얼마나 중요한지 실감할 수 있을 것이다. 다시 런던 지하철 노선도 이야기로 돌아오자.

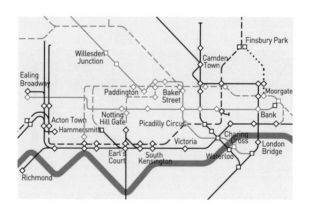

때는 1931년이다. 우리의 헨리 백은 아이디어가 하나 떠올랐다. 지형도보다 위상지도가 더 유용하겠다고 판단하고 사방팔방 뻗은 곡선들을 단순화하기로 했다. 그는 재미 삼아 전기회로를 본뜬 초안을 그려냈고, 런던 지하철 책임자들에게 내밀었다. 그들은 다소

미심쩍어하면서도 그의 작품을 승객들에게 선보였다. 반응은 가히 폭발적이었다.

성공적인 데뷔 후, 헨리 백은 노선도에 조금씩 변화를 주며 개선해나갔고, 1963년에는 모든 곡선을 45°와 90° 각을 이루는 직선으로 대체했다.

1940년, 책임자들은 여기서 만족하기 아까웠던지 60° 사선도 추가해달라고 요구해왔다. 그러나 그렇게 만들어진 노선도는 뒤죽박죽 복잡해 보였고 결국 채택되지 않았다.

이후 런던 지하철 노선도는 가독성을 높이기 위한 크고 작은 수정을 거쳐 오늘날에 이르게 되었다. 헨리 백은 이 분야 디자인에 관한 한 명실상부한 창시자로 자리매김했다. 그로부터 파생한 티셔츠, 커피잔, 무수한 기념품들까지 고려하면, 그는 지난 세기 가장 실속 있게 장사한 디자이너가 아니었을까?

42장

점점 더 발붙일 곳
없어지는 지구

오늘날 세계 인구는 75억 명에 육박한다. 2050년에는 100억을 내다본단다.
금세기 초 산아제한이 뜨거운 감자로 떠오른 것도 이해할 만하다.
이러다가는 정말 지구를 떠나야 하는 게 아닐까?

　　　　　　　　　　　앞서 우리는 '예방 접종의 필요성'
에서 **기하급수적 증가**를 살펴보았다. 그리고 이런 식으로 늘어나는
것들은 대개 통제가 어렵다고 말한 바 있다. 여기에 더해 오늘은
이런 사례가 생각보다 흔하고 여러모로 위험하다는 것을 알아보
려 한다.

　기하급수적 증가가 무엇인지는 체스의 기원에 관한 이야기에
잘 나타난다. 옛날 옛적, 어떤 현자가 왕을 위하여 체스 게임을 만
들어냈다. 왕은 크게 감동했고 즐거운 시간을 선물해준 현자에게
고마움의 표시로 원하는 것은 무엇이든 주겠다고 약속했다. 하지
만 현자는 무척 소박한 사람인지라 그저 체스판에 쌀을 조금 담아

주십사 했단다. 첫 칸에는 한 톨, 둘째 칸에는 두 톨, 셋째 칸에는
네 톨, 이런 식으로 말이다.

1, 2, 4, 8…… 이렇게 바로 앞칸 숫자보다 두 배씩 커지는 수열
을 우리는 기하급수적 증가라고 한다. 문제는 이런 식으로 64번째
칸에 이르면, 놓아야 할 쌀알이 무려 2^{63}개로 늘어난다. 작년 세계
쌀 생산량의 400배에 달하고 유사 이래 지금껏 인류가 생산해온
쌀의 총량을 넘어서는 양이다. 좀 더 시각적으로 표현해서, 쌀
대신 백 원짜리 동전을 그만큼 쌓아 올리면 높이가 4광년을 넘
어선다. 태양계를 뚫고 나가서 이웃 항성계에 닿을 만큼 아찔한
수치다.

하지만 이것이 다 무슨 상관이랴. 아무리 심심한들 누가 쌀알을 2의 63승까지 셀 것인가. 백 원짜리 동전을 그만큼 가지고 있다고 한들 그것을 한 줄로 쌓을 리 만무하다. 그러니 기하급수적 증가란 일상과 동떨어진 별나라 이야기처럼 들릴 법하다. 게다가 기하급수적 증가가 지속되는 사례를 자연 상태에서 찾기란 여간 힘든 게 아니다. 자연 스스로 미연에 차단하기 때문이다. 그러나 뜻밖에도, 특정 상황에서는 지극히 일상적으로 발생한다.

일상적이라니, 이건 또 무슨 소리일까? 우리가 흔히 퍼센티지로 표현하는 성장률들은 모두 기하급수적이다. 따라서 계속 유지될 수가 없다. '장기적으로 꾸준한 고성장'이라는 말은 정치인들과 경제학자들의 희망 사항일 뿐이다. 현실에서는 불가능하다. 지난 수년간 중국이 이뤄낸 7%대 성장률은 어떤가? 중국 경제 규모가 십 년마다 두 배로 커진다는 뜻이다. 그렇게 백 년이 지난다면 지구상 모든 자원은 바닥나고 말 것이다. 굳이 7%까지 들먹일 필요도 없이, 몇 퍼센트를 기록하든, 연간성장률은 모두 기하급수적이다. '십 년에 두 배'보다 약간 더 빠르거나 약간 더 느리게 변할 뿐이다.

세계 인구가 매년 1.7%씩 증가한다고 가정해보자(1950년 이후 현재까지 증가율이 1.8%에 가까우니 실제로는 더 높은 셈이다). 이 경우 인구수는 약 41년마다 두 배―두 배가 되는 주기를 알고 싶다면 70을 증가율로 나눠보면 된다(정확히 70은 아니지만 70으로 보아도 무방하다).* — 로 띈다. 현재 70억인 인구가 40년 후엔 140억, 80년 후엔 280억이 된다는 말인데, 이런 속도라면 5세기 후 인류의 무게는 지구 전체 중량과 맞먹을 만큼 커진다. 그쯤에는 어디론가 빠져나갈 곳이 필요해진다. 지구 하나로는 버티기 힘들어진다는 말이다.

혹시 그때쯤이면 다른 행성으로 이주할 만큼 기술이 발전했을까? 그렇다 하더라도 아직은 어림없어 보인다. 지구가 인구 폭발을 120년 이상 감당하기 힘든 수준이라면, 고작 한두 개 행성을 정복한다고 해서 해결될 문제가 아니다. 얼마 지나지 않아 또 인류가 기하급수적으로 증가해 온 세상에 바글바글할 게 분명하니 말이다.

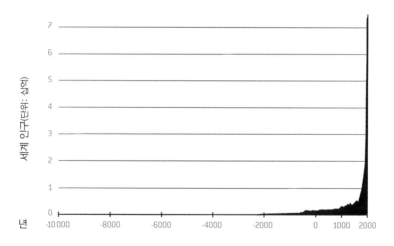

* 저자는 '72의 법칙'에 대해 말하고 있다. 복리를 전제로 할 때 72를 증가률로 나누면 처음의 두 배가 되는 기간이 산출된다. ― 옮긴이주

18세기 말부터 이런 사태를 예견했던 맬서스^{Thomas Robert Malthus}가 생각날 만한 대목이다. 맬서스의 고민이 식량 문제에 국한되어 있어 예상을 빗나갔지만, 우리의 염려는 인구 총량 증가에 따른 총체적 문제점이다. 전직 교수이자 환경 저널리스트인 미국의 앨런 와이즈먼^{Alan Weisman}은 "인구는 4.5일마다 백만 명씩 늘고 있고 더 이상 이렇게는 지속할 수 없다"라고 지적했다. 지당하신 말이다.

몇 세기 내로 수천, 수백만 개 행성에 진출할 만큼 획기적인 기술 발전이 힘들다면 우리가 할 수 있는 일은 인구 성장 억제뿐이다. 잔인하도록 효과적인 방법들도 있다. 전쟁, 대량학살 무기, 종교적 원리주의가 부추기는 테러를 동원하거나, 간단하게는 보건 의료 투자를 끊으면 된다. 하지만 그것이 내키지 않는다면 피임법을 개발하고, 입양을 장려하고, 낙태 조건을 완화할 수도 있다. 이왕이면 상식이 통하는 방법이 좋지 않을까?

43장

점쟁이 문어보다
신통한 수학

월드컵은 4년마다 변함없이 돌아오지만,
점쟁이 문어는 우리 곁을 떠나고 말았다(부디 평안한 곳에서 편히 쉬기를…).
그 빈자리를 또 다른 신묘한 현상으로 대체하려는 이들도 있다. 하지만 그런 쪽에 취미가
없다면 이성의 문을 두드려봄직 하다. 과연 다음 우승팀은 누구일까?

나는 2014년 월드컵을 잊을 수 없다. 그해 스페인 대표팀은 우승컵 사수라는 거의 불가능한 미션에 도전해야 했다. 이니에스타, 사비, 비야를 앞세운 축구팀 얘기라면 온 국민이 각계각층에서 아낌없이 후원했다. 든든한 식단, 충분한 휴식, 철저한 훈련. 그 외에도 수학의 힘을 빌린 각종 지원이 이어졌고 그 중심에는 이미 여러 차례 소개한 그래프이론이 있었다.

그렇다, 또 그래프이론이다. 각 팀이 경기 중 주고받은 패스를 그래프화해서 상대 팀의 전술과 강약점을 분석하는 방식이었다(선수들을 꼭짓점으로 놓고, 주고받은 패스 개수에 따라 모서리 굵기를 달리했다). 이런 분석이라면 2010년 월드컵 당시 런던 출신 수학자 자비에 로페즈 페냐Javier López Peña와 휴고 토우챗Hugo Touchette이 이름을 날린 바 있다.[*]

두 사람은 경기 중 이뤄진 모든 패스를 시간대별로 분석해서 스페인의 우승을 예견했다. 그 밖의 경기들도 일부 분석해 독일전에 나타난 영국 대표팀의 중대한 전략적 허점을 집중 조명했으며, 대회 기간 중 다른 국가 경기도 모조리 관찰해 선수들의 패스 네트워크를 작성하고 팀별 결과를 비교했다.

토우챗 박사는 다음과 같이 설명했다.

"팀 내 기여도에 따라 선수마다 중심성centrality 점수를 부여하니

---

[*] Javier Lopez Pena and Hugo Touchette, ≪ A network theory analysis of football strategies ≫, arXiv.org, June 28th 2012, https://arxiv.org/pdf/1206.6904v1.pdf.

다. 점수가 높은 사람일수록 어떤 이유로든 제 기량을 발휘하지 못하면 팀에 큰 타격을 미치죠. 이런 접근법은 주로 견고한 컴퓨터 네트워크를 구축할 때 활용하지만 축구 전략을 짤 때도 유용합니다."

그렇다면 선수별 중심성 점수는 어떻게 도출할까? 여러 변수가 있지만 크게는 근접closeness, 매개betweenness, 인지도Page rank centrality 라는 세 항목으로 나눈다. **근접 중심성**은 같은 팀 선수들과의 평균 거리에 따라 계산한다. 평균 거리가 짧으면 팀과 긴밀히 연결되었다는 의미이므로 높은 점수를 받는다. **매개 중심성**은 팀 내 연결 고리 역할을 얼마나 잘 수행하는지 측정하며, 해당 선수를 뺄 경우 어떤 영향이 있을지 보여준다. 감독으로서는 이 점수가 고르게 분포한 선수로 팀을 꾸려야 몇몇 스타 선수에 의해 분위기가 좌우되는 것을 막을 수 있다. 끝으로 **인지도**는 페이지랭크와 일치한다고 볼 수 있다. 페이지랭크란 구글의 웹페이지 정렬 시스템에 관여하는 링크 분석 알고리즘으로, 링크 개수에 따라 어떤 페이지를 먼저 띄울지 우선순위를 결정한다. 축구에 적용해보면 스타플레이어가 자신이 드리블하던 공을 각 선수에게 패스해줄 확률을 가리킨다. 결국 인지도 점수는 동료들에게 얼마나 인정받고 있는지가 핵심이기에 모두 연계해서 계산해야 한다.

논문 저자들은 선수별 기여도에 관한 세 지표 외에도 팀의 **결집도**clustering를 고려했다. 결집도란 선수들 간 패스 빈도와 팀의 조직력을 측정한 지표다. 이렇게 여러 수치를 계산하고 역대 경기 전적을 분석한 끝에, 두 사람은 네덜란드-스페인 결승전 결과를 소름 돋게 예측해냈다. 이 예측에 점쟁이 문어는 필요하지 않았다. 어떻게 분석한 것일까?

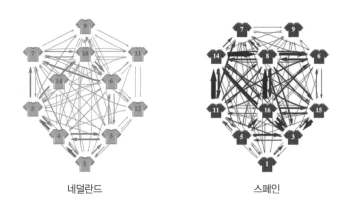

결승전을 앞둔 네덜란드와 스페인의 패스 네트워크
(준결승 전술 대형과 패스 정보를 바탕으로 작성)

네덜란드   스페인

패스 네트워크에서는 스페인이 월드컵 내내 월등히 높은 점수를 기록했다(지금도 스페인 축구 팬 중 이 사실을 모르면 간첩이라 할 정도다). 독일보다는 거의 40%, 네덜란드보다는 두 배나 높았다.

스페인 대표팀 점수
(항목별 최상위 2명은 굵은 글씨로 표시)

선수	C_i	$C_B(i)$	x_i	c_i^w
카시야스	16,52	0,00	3,29	20,46
피케	17,32	**3,92**	11,46	30,70
푸욜	16,32	2,86	7,92	27,12
이니에스타	14,60	0,50	8,54	31,03
비야	8,68	0,50	5,89	23,96
사비*	**18,28**	1,19	**14,66**	**46,47**
캅데빌라	16,54	**6,12**	10,56	29,91
알론소**	17,11	1,19	12,31	**41,69**
라모스	16,45	2,41	9,02	27,05
부스케츠	**18,55**	2,41	**12,99**	35,32
페드로	3,42	0,00	3,35	16,75

C_i = 매개, $C_B(i)$ = 근접, x_i = 인지도, c_i^w = 결집도

연구를 진행한 로페즈 페냐는 "미드필더를 필두로 모든 선수 간의 빠르고 고른 패스가 팀 경기력을 뒷받침했다"라고 평가했지만 그게 전부는 아니었다. 2010년 최고의 스트라이커 다비드 비야는 경기당 평균 37회나 공을 패스받았고, 이것 역시 우승에 톡톡히 기여했다. 다른 팀 어느 공격수보다도 많은 횟수였다.

반면 네덜란드 대표팀은 방어적인 경기를 펼쳤다. 선수 간 패스가 저조했고 그나마도 대부분이 공격수에게 집중되었다. 이에 논

---

* 사비 에르난데스 — 옮긴이주

** 사비 알론소 — 옮긴이주

선수	C_i	$C_B(i)$	x_i	c_i^w
스테켈렌부르크	**16,34**	0,32	7,63	28,35
반 더 비엘	14,43	**2,97**	9,79	31,39
헤이팅아	16,23	2,67	**11,06**	31,34
마티센	**17,30**	1,30	10,84	33,22
브롱크호르스트	15,74	1,12	10,07	**37,00**
판 보멀	12,46	**3,08**	**11,19**	32,36
카윗	7,97	1,67	9,02	27,06
데 용	10,95	2,73	9,28	28,36
판 페르시	6,89	2,92	5,88	20,13
스네이더르	10,91	2,17	10,32	**33,77**
로번	5,91	0,16	4,91	23,91

C_i = 매개, $C_B(i)$ = 근접, x_i = 인지도, c_i^w = 결집도

문은 "네덜란드 대표팀의 낮은 패스율은 짜임새 있는 경기력보다 빠른 공격과 역습에 의존한다는 것을 보여 준다"며, "골은 직접프리킥 같은 결정적인 한 방이 주를 이뤘고 경기장에서는 몸싸움에 집중했다"라고 평가했다.

논문은 이 정보를 토대로 네덜란드의 경기 방식을 무력화하면 스페인이 승리를 거머쥘 것이라고 결론지었다. 스페인 대표팀에게는 점쟁이 문어 파울보다 든든한 그래프이론이 있던 셈이다. 그러니 승리는 떼어 놓은 당상 아니었을까?

44장

비행기는 정말 직선으로
운항할까?

2014년, 말레이시아 항공기 MH370이 공중에서 사라져버렸다. 우리는 비극적인 사건을
한마음으로 지켜보았고 전문가들은 지도를 되짚어가며 항공기 이동 경로를 추정했다.
그런데 혹시 여러분은 비행기의 최단 노선이 어떻게 결정되는지 아는가?
그렇다면 쿠알라룸푸르와 북경을 잇는 가장 빠른 길은 어디일까?

실종된 지 꽤 오랜 시간이 지났지만 말레이시아 항공기는 여전히 흔적조차 찾을 수 없다. 미국이 중국 인공위성을 시험해볼 빌미를 잡았다는 둥, 자국 항공모함을 겨냥한 공산국의 미사일 성능을 가늠해볼 수 있겠다는 둥, 온갖 상상과 소문이 난무할 뿐이다.

하지만 이런 추측들을 뒤로하고, 정치보다는 덜 복잡한 수학을 통해 문제에 접근하려는 이들도 있다. 항공기 수색이 항로에 대한 궁금증을 만들었기 때문이다. 비행기는 우리 예상과는 다른 경로로 이동한다. 가령 쿠알라룸푸르에서 북경으로 가는 최단 노선은 어디일까? 이런 질문을 받으면 우리는 세계지도를 꺼내 두 도시 사이를 직선으로 쭉 긋고픈 충동을 느낀다. 유클리드도 두 점 사이 최단 거리가 직선이라 하지 않았던가? 물론이다. 하지만 이 원칙은 평면 공간을 가로지르는 **유클리드 거리**에 한정된다. '평면도 위' 두 점을 잇는 선분에만 적용된다는 뜻이다.

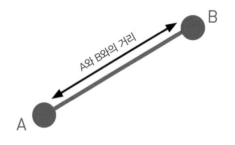

우리가 사는 지구는 하필이면 평면이 아니라 구체다. 완전히 동그란 모양은 아니지만 거의 둥글다고 봐도 무방하다. 그렇다면 구체 위 두 점을 잇는 최단 거리는 어떻게 구할까?

구체 위 두 지점을 연결하는 가장 짧은 선은 바로 **측지선**이다. 측지선은 연결해야 할 두 지점과 구의 중심을 동시에 지나는 평면이다. 구를 자를 때, 구의 겉면을 따라 생기는 곡선이라 할 수 있다. 말하자면 측지선은 구체 위에 그려진 포물선과 같고, 구와 중심을 공유하는 원의 둘레에 포개진다. 지구를 놓고 생각해볼 때, 경도를 알려주는 **자오선**은 구와 중심을 공유하는 원이기 때문에 측지선이라 할 수 있고, 위도를 알려주는 **등위도선**은 **적도**를 제외하면 구와 중심을 공유하는 원이 아니기 때문에 측지선에 해당하지 않는다.

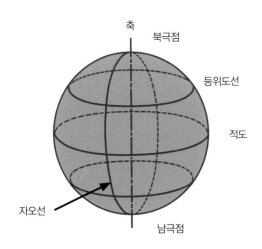

지구상 두 지점을 오갈 때, 최단 거리인 측지선 대신 등위도선을 선택하면 어떤 일이 일어날까? 스페인 역사 속에는 유명한 사례가 하나 있다. 옛날 옛적 항해사들은 자신이 적도에서 얼마나 떨어져 있는지 아는 일이 그리 어렵지 않았다고 한다. 수평선 위로 떠 오른 태양이나 천체의 높이를 측정하면 위도를 확인할 수 있었다. 그러나 정확한 위치를 알려면 또 다른 정보가 필요했으니 바로 경도였다. 그런데 경도 측정 문제는 영국의 존 해리슨^{John Harrison}이 기존보다 정확한 시계를 발명해낸 18세기에야 비로소 해결됐다. 그랬기에 크리스토퍼 콜럼버스^{Christopher Columbus} 같은 탐험가가 미지의 바다로 뛰어들던 1492년에는 직선거리인 측지선 대신, 등위도선을 따라 배를 움직이곤 했다(출발점과 도착점을 정확히 알지 못하면 측지선을 찾을 수 없기 때문이다).

　　이런 상황은 조류의 흐름과 포르투갈의 무관심을 더해, 콜럼버스가 성공적으로 1차 항해를 마치도록 적극적으로 도와주었다. 말이야 바른말로, 당시 항해 독점권을 쥐고 있었다 해도 과언이 아닐 만큼 수차례 탐험대를 꾸린 포르투갈 왕실이 어쩌다 콜럼버스에게 신대륙을 양보한 것일까? 원인은 포르투갈 항해사들이 등위도선을 따라 서쪽으로만 이동하려 했던 데 있다. 게다가 나름대로 가장 유리하다고 고른 출발지가 포르투갈령 최서단 아소르스 제도였다. 덕분에 그들은 멕시코 만류라는 세계 최대 난류와 그 난류가 동반하는 바람을 온몸으로 맞서야 했다. 당연히 항해는 고

단했고 배는 제자리를 맴돌았다.

그런 포르투갈이 콜럼버스의 항해 제안을 뿌리쳤으니, 콜럼버스로서는 천운이 따른 셈이다. 거절당한 콜럼버스는 스페인 카스티야 왕실에 손을 내밀었고 그 손을 맞잡은 이사벨 1세는 카스티야 항에서 출발하도록 명했다. 콜럼버스는 카나리아 제도의 라고메라와 그란 카나리아 땅을 밟고 바다로 나섰는데, 카나리아 제도의 조류와 바람은 배를 서쪽으로 밀어주었다. 항해를 마치고 돌아올 때는 그보다 더 북쪽 항로를 택한 덕에 멕시코 만류가 배를 끌어 유럽에 다다르게 해주었다.

어쨌거나 이제는 다 지나간 일. 두 나라의 싸움 얘길랑 이쯤 접어두고 우리는 다시 쿠알라룸푸르와 북경 사이 최단 거리 문제로 돌아오자. 최단 거리라 하면 대개는 출발지와 도착지를 잇는 지도상 직선거리를 떠올릴 것이다. 혹은 쿠알라룸푸르 등위도선을 따라 동쪽으로 날아가다가 북경과 같은 높이에 이를 때 북쪽으로 꺾는 방법을 생각할지도 모르겠다.

하지만 앞서 말했듯 비행기는 그렇게 날지 않는다. 몇 가지 제약사항은 둘째치고, 비행기는 출발지와 도착지를 잇는 측지선의 포물선을 따라 운항한다. 쿠알라룸푸르-북경 노선을 살펴보면 둘 사이를 잇는 측지선(빨간 선)이 직선에 가까워 보일지라도 직선은 아니다.

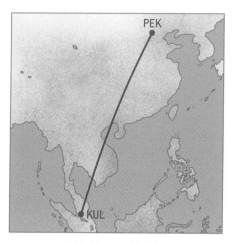

쿠알라룸프르 - 북경 항로

측지선에 따른 항로와 직선으로 이은 항로의 차이점은 노선이 길거나 두 지점 간 경도 차가 클수록 두드러진다. 쿠알라룸푸르에서 세비야로 가는 노선을 보면 쉽게 알 수 있다.

쿠알라룸푸르 - 세비야 항로

하지만 이것도 어디까지나 이론일 뿐, 현실은 또 다르다. 무턱대고 측지선만 따라가버리면, 지리나 기상의 이유로 운항할 수 없는 지역에 진입할 수 있다. 때로는 항공교통통제에 따른 국제 규약도 고려해야 한다.

관심이 있다면 직접 항공 노선[*]을 확인하며 이곳저곳을 여행하는 상상을 해도 좋다.

덧붙이는 말

위도와 경도 이야기가 나온 참에 오래된 수수께끼를 하나 던져본다. 이미 답을 아는 분이 있을지도 모르겠다.

어떤 탐험가가 동틀 녘 텐트에서 나와 남쪽으로 $10km$, 동쪽으로 $10km$, 북쪽으로 $10km$를 걸었더니 제자리로 돌아왔다. 그런데 텐트 속에 웬 곰이 한 마리 들어와 있었다. 곰은 무슨 색깔일까?

정답을 아시는 분?[**]

---

[*] www.gcmap.com.

[**] mati.naukas.com/2013/10/01/al-norte-del-paralelo-38/.

45장

알고리즘 기원이 개미라니!

봄바람이 불면 어김없이 찾아오는 따사로운 햇살, 꽃가루 알레르기, 그리고 개미들!
그런데 피크닉 바구니에 올라타는 요 성가신 개미가 알고 보면
놀라운 알고리즘의 기원이란다.

　　　　　　　　　　　　　　괜한 허풍이 아니다. 개미 군단의
행동 양식은 이미 정보과학 분야에 있어 고전적인 접근법이 통하
지 않는 문제들을 해결하는 데 유용한 모델을 제공해왔다. 잘 알
려진 순회 세일즈맨 문제를 풀 때도 개미의 도움을 받았듯 정보과
학이 자연을 모방한 사례는 심심찮게 볼 수 있다. 환경에 최적화
된 종을 선별한다는 다윈의 진화 프로세스를 본 따 **유전 알고리즘**
이 만들어지기도 했다.

　그렇다면 개미들에게는 무엇을 배울 수 있을까? 개미는 실로
많은 교훈을 주는 집단지성체다. 안팎의 혼란에 대처하는 융통성,
일부 개체의 희생을 무릅쓰고라도 임무를 완수하는 강인함, 지도

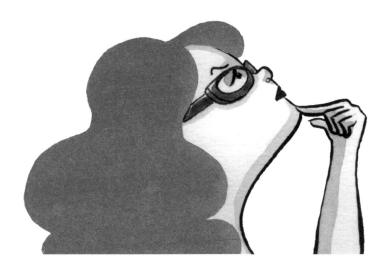

자 없이도 척척 돌아가는 분권화, 경로를 알려주지 않아도 목표물을 찾고야 마는 체계성이 그 증거다.

더구나 이 모든 일이 단순한 규칙 몇 가지와 간단명료한 의사소통으로 진행되다니, 그게 가능한 일인지 의심스러울 정도다. 당연히 본받고 싶을 수밖에 없다. 물론 수학자들의 관점이다.

수학은 개미들의 행동을 어떻게 모형화할 수 있을까? 그래프상 최단 거리 찾기 같은 문제에 적용해볼 수 있다. 다음 그래프에서는 각 도시를 꼭짓점(점)으로, 그 사이의 길을 모서리(선)로 표현했으며 모서리마다 길이를 적어놓았다. 이때 우리는 A에서 Z까지 가장 짧은 길을 찾고자 한다. 물론 다른 보편적인 방법이 이미 존재하며 이런 문제를 풀 때 개미 알고리즘을 쓰지는 않는다. 하지만 여기서는 개미가 집과 먹잇감 사이 지름길을 찾는 방법을 따라 해 보기 위해 예를 들었다.

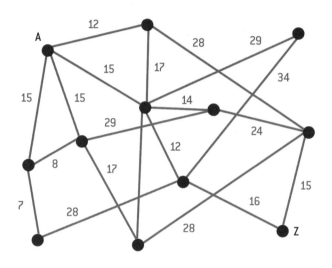

한 가지 기억할 점은 먹이를 옮기는 개미는 앞선 동료들의 **페로몬**(호르몬과 유사한 화학물질) 냄새를 따라간다는 사실이다. 이처럼 한 개체가 환경에 남긴 자취가 다른 개체의 행동에 영향을 미치는 메커니즘을 **스티그머지**stigmergy라고 한다. 그런데 페로몬 신호는 길 가운데 장애물이 생기면 끊어지고 만다.

그럼 개미들은 대안을 찾느라 분주해진다. 장애물을 피해 가장 빠른 길을 찾는 데 성공하거나, 혹은 실패한다(어쩔 줄 모르고 왔다

갔다 하는 개미가 이 부류다). 개미들은 집 밖에서 분비하는 페로몬 양이 어느 정도 정해져 있다. 그 때문에 최단 경로를 찾아내면 더 짧은 시간에 같은 양을 분비하게 되고 자연히 최단 경로에는 진한 페로몬 향이 남는다. '똑똑한' 개미들이 더 강렬한 자취를 남기는 셈이다. 그럼 동료들은 냄새에 이끌려 저절로 최적화된 경로를 따라간다. 똑똑한 개미 뒤를 따르는 다른 개미들 덕분에 페로몬 냄새는 더욱 진해지고, 잠시 후면 모두가 최단 경로를 따라 집으로 돌아간다.

이 과정은 컴퓨터를 쓰면 간단하게 시뮬레이션할 수 있다. 그 결과 만들어진 것이 바로 **개미 집단 최적화 알고리즘**, 일명 **ACO**Ant Colony Optimization **알고리즘**이다. 그 세세한 방식까지 다 알 필요는 없지만 기본원리를 설명하자면 이렇다.

1. 그래프상 두 꼭짓점 사이 최단 경로를 찾고 싶을 때, 우리는 개미 한 마리를 첫 번째 꼭짓점에 내려놓는다.
2. 그럼 개미는 첫 번째 꼭짓점과 연결된 다른 꼭짓점으로 모서리를 따라 이동한다.
3. 이때 미리 설정한 페로몬 양을 모서리마다 부여하면, 각 모서리는 페로몬 양에 비례하고 길이에 반비례하는 고유의 확률값을 갖게 된다.
4. 개미는 이 확률에 따라 첫 번째 경로(모서리)를 선택한다.

5. 그리고 곧 두 번째 꼭짓점에 도달한다(장애물에 부딪혀 갈림길이 생기거나 교차로를 만난 경우에 해당한다).

6. 개미는 페로몬 흔적이 가장 진한 모서리를 따라갈 확률이 매우 높으므로 페로몬 향이 진한 모서리에 높은 확률을 부여해 무작위 선택을 돌린다.

7. 이윽고 개미가 목적지 꼭짓점에 도착하면 초기 설정한 페로몬 총량을 지금까지 지나온 모서리에 균일하게 배분한다. 당연히 경로가 길수록 모서리마다 분배되는 페로몬 양이 줄어든다.

8. 그다음 두 번째 개미를 풀어 같은 과정을 반복한다.

9. 이렇게 몇 번만 거치면 개미들은 곧 그래프상 최단 거리를 찾아낸다.

이것이 ACO 알고리즘의 대략적인 원리다. 그러니 다음번에 개미들이 내가 먹던 간식에 덤벼들거든 너무 야박하게 굴지는 말자. 컴퓨터 연산에 기여한 공도 있고, 사실 우린 그보다 더 유해한 동물과도 어울려 살아가지 않던가? 머리 검은 짐승을 떠올려보자.

참, 알고리즘을 핑계 삼아 개미를 착취하거나 학대한 수학자는 이제껏 아무도 없었다. 이 자리를 빌려 밝혀두니 염려 마시기를.

46장

구글은 수학으로부터
시작됐다

어느 날 갑자기 구글이 멈춰버린다면?
이런 식은땀 나는 상상이 또 있을까?

인터넷 검색엔진이 우리의 일과 생활에 몰고 온 변화는 누구도 부정할 수 없다. 변화는 생각보다 깊숙이, 구석구석 우리의 삶에 침투했다. 맛집과 호텔을 검색하고 영화와 음악을 즐기는 방법까지 뒤바꿔놓았으니, 실로 엄청나다. 그런데 오늘날 세계를 휩쓴 구글이 수학을 응용한 '좋은 예'라는 것을 아는 사람은 몇이나 될까?

미시간대학교 강의실에서 **선형대수학**, 그래프이론, 확률에 파묻혀 살던 시절의 래리 페이지Larry Page는 자신이 세상을 떠들썩하게 할 줄 미처 몰랐을 것이다(그렇다, 래리 페이지는 구글을 세운 두 창업자 중 하나다). 그와 800km 넘게 떨어진 곳에서 수학을 공부하던 또 다른 창업자, 세르게이 브린Sergey Brin도 마찬가지였다. 어쨌거나 둘은 일을 벌이고 말았다. 그것도 어마어마한 사건을!

몇 달 전, 동료 교수가 그런 이야기를 했다. 졸업생 하나가 찾아와 말하기를, 컴퓨터 엔지니어로 몇 년째 일하고 있지만 자기는 아직도 대학에서 배운 선형대수학을 어디에 써먹는지 모르겠다고 투덜댔단다. 교수는 우문현답을 해주었다. "그러게 말일세. 그걸 진즉에 깨달은 구글 창업자들은 요즘 돈 세느라 바쁜데, 자넨 아직도 프로그램을 두드리느라 바쁜가 보군." 투덜거림이 쏙 들어갈 만한 답이 되었을 것이다.

요즘은 검색창에 몇 단어만 넣어도 수십 페이지씩 쏟아지는 결과가 너무 자연스럽다. 웬만한 답은 다 첫 페이지에 있으니 둘째 페이지까지 넘어갈 일도 잘 없다. 예컨대 우엘바의 예쁜 마을 '엘 로시오'에 사는 사람이 실업으로 고민하다가 '엘 로시오 일자리'를 검색하면 첫 줄부터 그 지역 채용 공고가 주루룩 뜬다. 심지어 노동부장관의 정책공약도 함께 뒤따라온다. 하지만 ('로시오'가 스페인어로 장미를 뜻함에도) 장미의 아름다움을 노래한 파블로 네루다 Pablo Neruda의 시 〈아 미스 오블리가시오네스 A mis obligaciones〉는 찾아보기 힘들다. 마치 구글이 '엘 로시오 일자리' 검색자가 실업자인지 문학소녀인지를 간파한 듯하다. 아니, 간파한 게 틀림없다. 어떻게 이런 일이 가능할까?

이런 센스를 발휘하기 위해 구글은 인터넷 페이지마다 색인을 매겨 정리하고(그중 일부는 하루에도 수차례씩 색인을 매긴다), 이것을 기초로 **방향 그래프** directed graph를 작성한다. 방향 그래프는 두 가지로 구성된다. 하나는 그래프의 꼭짓점에 해당하는 전 세계 웹페이지들이고, 다른 하나는 이 웹페이지들 간의 링크다. 첫 페이지가 둘째 페이지에 링크되어 있다면 그 방향대로 화살표가 그려진다.

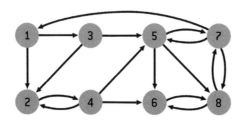

그리하여 인터넷 페이지마다 부여된 번호가 **페이지랭크**^{PageRank}다. 페이지랭크는 누군가 인터넷을 돌아다니다가 해당 페이지에 방문하게 될 확률을 측정하는 데 쓰인다. 우리가 웹서핑 중에 우연히 이 페이지를 열어볼 확률을 계산한다고 생각하면 감이 올 것이다.

따라서 페이지랭크는 다른 페이지와의 링크가 많을수록 높다. 사람들이 많이 찾는 페이지라면 중요 정보를 담고 있다고 할 수 있으므로 방문 확률도 높아진다. 덧붙여, 비록 링크가 적더라도 영향력 있는 사이트에 링크되었다면 페이지랭크가 높아진다. 구글 검색 시 첫 페이지에 나타날 수 있다는 뜻이다.

페이지랭크 알고리즘은 이 두 가지 기준을 바탕으로 (확률적 프로세스를 거쳐) 웹페이지와 링크를 표처럼 정리한 행렬을 만든다.

$$
\begin{vmatrix}
0.0250 & 0.0250 & 0.0250 & 0.875 & 0.0250 & 0.875 \\
0.875 & 0.0250 & 0.0250 & 0.0250 & 0.0250 & 0.0250 \\
0.0250 & 0.450 & 0.0250 & 0.0250 & 0.0250 & 0.0250 \\
0.0250 & 0.450 & 0.308 & 0.0250 & 0.0250 & 0.0250 \\
0.0250 & 0.0250 & 0.308 & 0.0250 & 0.0250 & 0.0250 \\
0.0250 & 0.0250 & 0.308 & 0.0250 & 0.875 & 0.0250 \\
\end{vmatrix}
$$

그리고 이 행렬에 **대수 연산**을 거쳐 페이지마다 값을 부여하면, 구글 창에 띄울 적당한 (아닐 수도 있지만) 순서가 매겨진다. 좀 더 자세히 알고 싶다면 구글 창시자들이 직접 설명한 자료[*]를 참조해도 좋다. 재미삼아 페이지랭크 계산기[**]를 두드려 보는 것도 도움될 것이다.

끝으로 컴퓨터공학과 학생들에게 한마디 남기자면, 수학 하나만 잘 배워도 인생이 어떻게 풀릴지 모른다. 그리고 래리와 세르게이처럼 언젠가 포브스지 순위에 드는 그런 날이 오거든 여러분에게 이 사실을 일깨워준 나를 잊지 말아 달라. 아니, 꼭 그런 일이 없더라도 누군가의 앞날에 기억될 수 있기를 바라본다.

---

[*] Sergey Brin et Lawrence Page, ≪ The Anatomy of a Large-Scale Hypertextual Web Search Engine ≫, Stanford University, http://infolab.stanford.edu/~backrub/google.html.

[**] https://webworkshop.net/seo-tools/pagerank_calculator.

47장

상자로
정확하게 계량하는 방법

자, 일본으로 떠나자. 그곳에서 작은 상자 하나로 정확히 액체 계량하는 방법을
소개할 참이다. 믿기지 않는다면 내기를 걸어도 좋다.

수학을 재미나게 소개하는 사람 중
내가 가장 좋아하는 인물은 일본 수학자 아키야마 진Akiyama Jin이
다. 자랑스럽게도 그는 나의 친구다. 오늘은 그가 알려준 여러 가
지 신기한 노하우 중에서 아무 무늬 없는 평범한 나무 상자 하나
로 정확히 계량하는 법을 소개하려 한다.

이 나무 상자는 뚜껑이 없는 정사각형 모양이다. 예로부터 일본
에서 쌀 분량을 세는 됫박으로 쓰였고, 오늘날에는 조그맣게 만들
어 사케 잔이나 소금, 후추 등을 담아 식탁 위에 올리는 조미료통
으로 쓰인다.

그럼 내기를 시작해보자. 지금 우리 손에는 6ℓ짜리 나무 상자

310

가 하나 있다. 오늘부터 이것만을 이용해 생수를 팔기로 했다. 손님들도 우리와 똑같은 상자를 하나씩 들고 올 것이다. 단, 판매는 정수 단위로만 한다. 그러니까 1ℓ, 2ℓ, 3ℓ, 4ℓ, 5ℓ, 6ℓ는 되지만 1.5ℓ와 같은 양은 팔지 않는다. 물은 커다란 수조에 담겨 있으며 상자로 긷되 한 번에 떠내야 한다. 일단 떠낸 후에는 원하는 만큼 다시 따라내도 좋다. 이제 준비는 끝났다.

자, 첫 번째 손님이 물 1ℓ를 사러 왔다. 어떻게 해야 할까? 다시 말하지만 계량선 따위는 없다.

- 먼저 상자 가득히 물을 떠낸다.
- 모퉁이 한쪽으로 쪼르륵 물을 따라낸다.
- 수면이 바닥의 두 꼭짓점에 나란히 걸칠 때 멈춘다.

그럼 상자에는 아래처럼 정확히 1 ℓ 만 남는다.

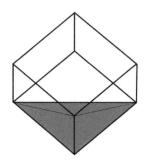

혹시라도 밑지는 장사일까 걱정된다면, 학창시절 배운 정육면체와 삼각뿔 부피 재는 공식으로 검산해볼 수 있다.

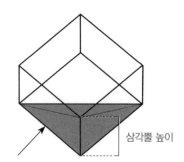

삼각뿔 밑면

삼각뿔 높이

$$\text{삼각뿔 밑면} = \frac{\text{상자 밑면}}{2}$$

삼각뿔 높이 = 상자 높이

$$\text{삼각뿔 부피} = \frac{1}{3} \left(\frac{\text{상자 밑면}}{2} \times \text{상자 높이} \right)$$

$$\text{삼각뿔 부피} = \frac{1}{6} \quad \text{상자 부피} = 1\ell$$

그럼 2ℓ 를 사러 오면 어떻게 할까? 1ℓ 씩 두 번을 퍼주면 좋겠지만 아쉽게도 그런 수법은 통하지 않는다. '수조에서 단 한 번만 긷는다'는 규칙 때문이다. 고민스럽겠지만 3ℓ 재는 법부터 익히고 거기서 다시 2ℓ 를 따라내면 된다. 우선 우리가 가진 상자로 3ℓ 를 재는 방법부터 알아보자.

- 앞의 방식처럼 수조에서 물을 가득 떠낸다.
- 아래 그림처럼 천천히 상자를 기울여 물을 따라낸다.
- 그리고 수면이 바닥 모서리에 정확히 걸칠 때 멈춘다.

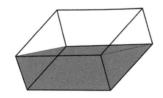

이렇게 하면 물의 부피가 상자 절반에 해당하는 3ℓ 가 된다. 여

기까지 왔다면 2ℓ는 어렵지 않다.

- 전처럼 상자에 6ℓ를 가득 채운다.
- 수면이 바닥 모서리에 걸칠 때까지 기울여 3ℓ를 따라내고 3ℓ만 남긴다.
- 이어서 (1ℓ를 뜰 때처럼) 수면이 상자 바닥의 두 꼭짓점에 나란히 걸칠 때까지 손님이 가져온 상자에 물을 따라주면, 손님에게 정확히 2ℓ를 담아줄 수 있다.
- 남은 물은? 다시 수조에 붓는다.

4ℓ라고 어려울까.

- 수조에서 6ℓ를 뜬다.
- 조금 전 배운 방법으로 상자를 기울여 손님에게 3ℓ를 따라준다.
- 다시 수조로 돌아간다. 수면이 두 꼭짓점에 나란히 걸칠 때까지 상자를 기울여 1ℓ만 남기고 버린다.
- 남은 1ℓ를 손님에게 마저 따라준다.

5ℓ도 식은 죽 먹기다.

- 물을 상자에 6ℓ 가득 채운다.
- 1ℓ만 남을 때까지 손님 상자에 모두 따라준다.

자, 이제 여러분 차례다. 재미 삼아 도전해볼 과제를 하나 마련해두었다. 나무 상자는 그만 내려놓고 3ℓ, 5ℓ, 8ℓ짜리 커다란 물동이 세 개를 준비하자. 8ℓ 물동이에 물을 가득 채운 후, 어떻게해서든 4ℓ만 계량하면 된다. 다른 도구는 일체 사용할 수 없고, 물동이에 계량선 표시는 없다. 여러분의 묘수를 기대해본다.

혹시 이 상자에 관심이 있어서 종이로라도 직접 만들고 싶다면 인터넷 사이트*를 참조하면 된다. 생각보다 요긴하게 쓰일지도 모른다. 그게 아니라도 잠시나마 즐거운 시간이 되기를 바란다.

---

* https://thespruce.com/origami-star-masu-box-instructions-4059182

48장

엘리베이터 앞에서
더 이상 날씨 이야기는
하지 말자

모르는 사람과 엘리베이터 앞에 서면 괜히 땅만 쳐다보기 일쑤다.
그러다 비가 온다는 둥, 날이 좋다는 둥 애꿎은 날씨 얘기를 꺼낸다.
그럴 시간에 오르내리는 엘리베이터를 유심히 관찰하면 어떨까?
그럼 어딘가 수상한 점을 발견할 수 있을 것이다.

스페인에 루이스 가르시아 베를란
가Luis García Berlanga 감독이 있어서 좋은 점 한 가지는 엘리베이터를
타거나 기다릴 때 날씨 얘기에서 벗어날 수 있다는 것이다.

다른 시대, 다른 나라로 건너가, 20세기 미국에는 물리학자 조
지 가모브George Gamow와 마빈 스턴Marvin Stern이 있었다. 그 나라에
는 사랑스러운 공주나 욕 먹어 마땅한 전임 재무장관이 없어서였
는지, 두 사람은 만날 때마다 엘리베이터가 몇 층에서 움직이는지
관찰하는 데 집중했다. 2층 사무실에서 일하던 가모브는 같은 건
물 6층에 있던 스턴을 보러 종종 올라가곤 했는데, 이상하게도 엘
리베이터는 늘 위층에서 내려왔다. 그렇다면 엘리베이터는 항상

옥상에 고정되어 있다가 내려오는 것일까? 그렇지 않다면 엘리베이터는 위층에 있는 횟수만큼 아래층에도 있어 주어야 옳았다.

반대로, 그의 동료 스턴은 뭔가를 의논하거나 펜을 빌리러 가모브에게 내려가려 하면, 엘리베이터는 번번히 아래층에서 올라왔다. 위층에서 오는 일은 거의 없었다. 그렇다면 엘리베이터는 늘지하에 고정되어 있다가 올라오도록 되어 있단 말인가?

두 사람은 이 역설적인 현상을 의논하다가 결론을 내렸다. 엘리베이터는 4층에 고정되어 있다가 위, 아래로 이동한다고. 물론 농담이었다. 가모브도 스턴도 물리학자이지, 얼렁뚱땅 답을 내는 토크쇼 패널은 아니다.

첫눈에는 이상해 보일지 모르겠다. 하지만 저층에서 부를 땐 위에서 내려오고, 고층에서 부를 땐 아래서 올라오는 일은 확률적 관점에서 보면 그리 이상할 것도 없다. 직관은 잠시 내려놓고 확률로 따져보자. 층마다 서는 엘리베이터가 두 대 있고, 우리는 가모브와 스턴처럼 7층짜리 건물의 2층에 서 있다. 그럼 위층이 아래층보다 많으므로 엘리베이터가 위층에 있을 확률이 아래층에 있을 확률보다 높다. 반대의 경우도 같은 방식으로 생각하면 쉽게 짐작할 수 있다.

한마디로, 중간층이 아닌 곳에서 엘리베이터를 눌렀는데 '엘리베이터가 위에 있을 확률 50%, 아래 있을 확률 50%'여야 한다는 생각은, 마치 비는 오거나 오지 않거나 둘 중 하나이기 때문에 '내일 비 올 확률 50%'라고 결론짓는 것만큼이나 순진한 착각이다. 싱거운 농담으로 들리겠지만, 언젠가 토크쇼의 난센스 퀴즈로 등장할지도 모른다.

마무리하기 전에, 과학자들 사이에 잘 알려진 가모브의 일화 하나를 소개할까 한다. 엘리베이터에 어색한 분위기가 감돌 때 꺼내면 좋은 얘깃거리가 될 것 같다.

가모브는 랠프 앨퍼Ralph Alpher의 학위논문을 지도하고 있었다. 두 사람은 논문 결과를 발표하면서 물리 우주론을 다루었는데, 빅뱅이 일어날 당시 헬륨과 수소, 그리고 그밖에 더 무거운 원소들이 일정한 비율로 생성되었을 것이라고 가정했다. 이런 가정은 당대 이론과 상충했지만 오늘날 인정받는 이론들과 통하는 면이 있기에 재미를 넘어 감동적이기까지 하다. 더구나 연구 저자가 앨퍼와 가모브라니, 알파(α)와 감마(γ)가 생각나지 않는가? 베타(β)만 있으면 딱 좋겠다, 싶을 때쯤 두 사람은 또 다른 저명한 물리학자 한스 베테Hans Bethe를 설득해 논문에 함께 이름을 올린다. 재미난 것은 베테는 논문을 한 줄도 쓰지 않았고, 단지 '알파-베타-감마'처럼 '앨퍼-베테-가모브'라는 형식을 맞추기 위해 함께했다는 사실이다. 그래서 이 논문은 원제《The Origin of Chemical Elements(화학원소의 기원)》보다 《αβγ paper(알파베타감마이론)》으로 더 유명하다.

훗날 가모브가 밝힌 바에 의하면, 당시 베테는 화학원소의 기원에 관한 가설이 완전히 증명된 상태가 아니었기에 이름을 자카리아Zacharias로 바꾸려고 진지하게 고민했다고 한다.

생각해보니 엘리베이터에서 이런 얘기를 꺼냈다가는 숨도 못 쉬게 어색해질지도 모르겠다. 어쨌든 내릴 층에는 다 온 것 같으니, 곧 다시 만나기를!

49장

그날 밤 몬테카를로에서
무슨 일이 있었나?

도박의 승산은 사칙연산만 해봐도 금세 나온다.
룰렛 번호를 보면 착각에 빠지는 게 문제일 뿐!

어느 월요일 이른 아침, 마을 담뱃 가게에 들렀다가 길게 늘어선 줄을 보고 어안이 벙벙해졌다. 힐끗 보니 담배를 살 사람은 없어 보여 잠시 안심했지만 곧 웃기고 슬 픈 사실을 알게 되었다. 모두 복권을 사러 나왔다는 사실이었다.

복권 번호 여섯 개를 모두 맞출 확률(1/8,145,000)을 설명하며 돈 낭비 마시라 설득해볼까, 하다가 이내 단념했다. 핏기없고 주름진 얼굴마다 절박함이 묻어났다. 정부에 기대느니 복권이 더 믿을만 할지도 모른다고 생각해 입을 다물고 눈을 감았다. 하지만 마음이 편치 않았다. "같은 번호로 삼 년째 도전 중이니 때가 됐다"라거나 "연속 번호는 절대 안 뽑히니까 그건 빼달라"는 소리가 들릴 때면

특히 더 그랬다.

그래서 오늘은 이 주제를 다루려 한다. 몬테카를로 카지노에서 벌어진 그날의 이야기다. 때는 여름, 1913년이었다. 몬테카를로의 룰렛이 돌고 돌아 '검정' 칸에만 열다섯 번 연속 멈춘 상태였다. 그걸 지켜본 도박꾼들은 모두 '빨강'에 걸었다. 이젠 누가 봐도 색이 바뀔 타이밍이었다. 그러나 예상은 제대로 빗나갔고 그 여름밤 모나코에서의 룰렛은 스물여섯 번 연속 '검정'이 나오고 나서야 돌기를 멈췄다. 수백만 프랑이 카지노 금고로 들어갔고 믿었던 '빨강'에 배신당한 사람들은 줄줄이 넋이 나갔다.

'검정'이 이만큼 나왔으면 이젠 '빨강' 차례라거나, 동전을 던져 앞면이 연속으로 나왔으니 뒷면이 나오리라는 믿음을 가리켜 우리 는 **몬테카를로의 오류**라고 한다. 그렇다, 분명한 '오류'고 '착각'이다. 같은 번호 복권을 수년간 샀으니 당첨에 가까워지고 있다는 믿음도 마찬가지! 천만의 말씀이다. 제비를 뽑든, 동전을 던지든, 룰렛을 돌 리든, 이길 확률은 언제나 똑같다. 이번 판 결과는 앞판의 결과와 아 무런 상관이 없다. 동전을 던져 앞면이 나올 확률은 매번 1/2, 즉 50%다. 그런데도 많은 사람이 몬테카를로의 오류에 빠지는 이유 는 '세 번째 던졌을 때 앞면이 나올 확률'과 '세 번 연속 앞면이 나 올 확률'을 헷갈리기 때문이다. 전혀 다른 의미인데도 불구하고.

동전을 세 번째 던져 앞면이 나올 확률은 1/2, 즉 첫 번째, 두 번 째, 스무 번째 던졌을 때와 똑같이 50%다.

그러나 세 번 연속 앞면이 나올 확률은 계산법이 다르다. 처음 던져 앞면이 나올 확률 1/2에 두 번째 던져 앞면이 나올 확률 1/2 을 곱하고, 거기에 다시 세 번째 던져 앞면이 나올 확률 1/2을 곱 해야 한다. 따라서 세 번 연속 앞면이 나올 확률은 1/8이다.

$$\frac{1}{2} \times \frac{1}{2} \times \frac{1}{2} = \frac{1}{8}$$

이 두 가지를 혼동한 탓에 많은 이들이 셋째 판은 뒷면에 거나 보다. 셋째 판에 뒷면이 나올 확률은 더도 덜도 아닌 7/8이라는 믿음으로.

$$1 \times \frac{1}{8} = \frac{7}{8}$$

헛다리도 제대로다. 단언컨대 동전을 던져 앞면이 나올 확률은 항상, 언제나, 매번, 1/2이다. 몇 번을 던지든 변함없다. 하지만 앞면이 n번 연속 나올 확률을 묻는다면 그건 1/2n이 맞다.

$$\frac{1}{2^n}$$

속임수가 있다면 또 모르겠다. 만약 10번 연속 앞면이 나온 상황에서 그다음 판을 예측해야 한다면, 오히려 나는 '또 앞면이 나온다'에 걸겠다. 10번 연속 앞면이 나올 확률은 1/1024다. 너무나 희박하다. 이미 그런 확률이 적중했다면 이 게임에는 뭔가 매우 수상쩍은 냄새가 난다.

한편, 동전 앞뒷면 균형이 잘 맞지 않을 때는 어떻게 해야 공정할까? 예를 들어 내가 가진 동전은 앞면이 나올 확률이 56%라서 뒷면보다 자주 나온다고 하자.[*] 그럴 땐 좋은 방법이 있다. 동전을 두 번 연속 던져서 〈앞면, 뒷면〉 순으로 나오면 내가, 〈뒷면, 앞면〉

---

[*] Debora MacKenzie, ≪ Euro coin accused of unfair flipping ≫, New Scientist, 4 janv. 2002, https://www.newscientist.com/article/dn1748-euro-coin-accused-of-unfair-flipping/.

순으로 나오면 상대가 이긴다고 정하는 것이다. 〈앞면, 앞면〉이 나오거나 〈뒷면, 뒷면〉이 나올 땐 다시 던지면 된다. 이렇게 하면 동전에 속임수가 있든 없든 〈앞면, 뒷면〉이 나올 확률과 〈뒷면, 앞면〉이 나올 확률이 완전히 같다. 아무도 불만을 얘기할 수 없을 것이다.

흔히들 하는 또 다른 착각은 복권을 자동 발행으로 구매하면 특정 번호가 잘 나오거나 잘 나오지 않는다는 말이다. 하지만 모든 번호의 확률은 동일하다. 증명하기도 어렵지 않다. 그럼에도 최근 마드리드에는 전설적인 복권판매소로 유명해진 도냐 마놀리따 Dona Manolita 앞에만 길게 줄이 늘어선다.

잠시만 생각해보자. 이곳에서 산 복권이나 다른 곳에서 산 복권이나 당첨 확률은 똑같다('0'에 가깝다). 다만 유명 판매소에서 팔리는 양이 전체 복권 판매량의 대부분을 차지할 뿐이다. 그러니 당첨자 수도 우리 동네 판매소보다 많을 수밖에! 여기서 사든 저기서 사든 내가 산 복권의 당첨 확률은 변함없이 팔백만 분의 일이다. 복권 사업 수혜자는 우리 동네 퇴직자도, 옆 동네 퇴직자도 아닌 판매소 주인들이고, 그보다 더 큰 수혜자는 복권 사업자다. 카탈루냐 정부도 이 사실을 잘 알고 있어서인지 최근 자치 복권 사업을 벌이기 시작했다.

복권의 성질은 본디 그렇다. 추첨 확률이 균일하고 똑같다는 면으로 보면 공정한 게임인 것은 맞다. 하지만 정부가 학교와 공영

주택, 심지어 일자리를 가로채 가는 수단으로 쓴다면 부당한 추첨법이 틀림없다.

이처럼 수학을 모를 때 겪는 위험은 많고 다양하며 때론 심각하다. 『숫자에 약한 사람들을 위한 우아한 생존 매뉴얼』의 저자 존 앨런 파울로스John Allen Paulos는 이런 증상을 '수맹數盲'이라고 불렀다. 단언컨대 수맹은 맞춤법을 틀리는 것보다 위험하다. 특히 모르는 병이 더 많은 의사나 늑대 같은 금융사 직원 앞이라면 더더욱.

50장

백악관을 농락한
그 남자

미국 CIA와 NSA에 근무했던 에드워드 스노든이
외부와 은밀히 연락을 주고받은 비결은 숫자의 특성을 이용한 암호였다.
이 비대칭 암호화란 무엇일까?

어느 직종이든 피할 수 없는 고충이 있다. 소소하지만 무시할 수 없고, 별것 아니지만 성가신 어려움들이다. 나를 비롯한 대부분의 수학자에게는 "수학을 배워서 어디에다 써먹느냐?"라는 (때론 격한 감탄사를 동반한) 질문이 그에 속한다. 또는 "소수가 뭐라고 그리 호들갑이냐?"라는 나무람도 듣는다. 대개 이 두 번째 질문은 수학이라는 고상한 예술에 빠진 사람들에 대한 인정보다는 괴팍스러움에 대한 도리질로 끝이 난다.

그런데 때마침 에드워드 스노든Edward Snowden의 폭로와 NSA 음모를 둘러싼 뉴스가 터지면서 우리네 어깨에 힘이 실렸다. 신문기사 1면을 당당히 차지한 '스노든이 이용한 암호화는 수학, 특히 소

수의 특성을 이용한 것'이라는 내용 덕분이다.

소수란 1보다 큰 자연수(숫자를 셀 때 쓰는 수) 중에서 1과 자기 자신으로밖에 나누어지지 않는 수를 가리킨다. 예컨대 2와 3은 소수가 맞지만, 4는 2로 나누면 똑 떨어지기 때문에 소수가 아니다. 소수가 수 세기에 걸쳐 얼마나 많은 수학자를 매료시켜왔는지는 두말하면 잔소리다.

그 아름다움은 고대 그리스의 유클리드 때부터 칭송이 자자했고 개수가 무한하다는 것도 그때 이미 밝혀졌다. 그리고 최근에는 5보다 큰 모든 홀수는 소수 세 개의 합으로 표현할 수 있다는 **약한 골드바흐의 추측**이 관심을 끌기도 했다. 15는 3과 5와 7의 합이라는 식으로 말이다.

약한 골드바흐의 추측은 정수론에서도 중요하지만 홀수 하나를 소수의 합으로 쪼개는 그 자체가 재미를 주기도 한다. 이때 유용한 팁 중 하나는 정수 N 이하의 소수를 찾게 해주는 **에라토스테네스의 체**다. 재미도 있고 비용도 안 들고, 이만하면 참 괜찮은 놀 거리다.

그래서 훌륭하다. 멋지다. 여기까지는 인정한다. 하지만 대체 소수를 어디다 써먹는단 말인가? 여기에는 여러 가지로 답할 수 있지만 앞서 밝혔듯 이메일에 담긴 정보를 보호하는 **문서 암호화** 기술이 대표적이다.

한동안 신문 1면에는 각종 부정부패 관련 기사들 사이로 스노든 사건이 한자리를 차지했다. 에드워드 스노든이 사용한 이메일(edsnowden@lavabit.com)이 2004년 지메일의 대안으로 등장한 보안 메일 라바비트 계정이었기 때문이다. 스노든이 모스크바에서 변호사와 조력자를 구할 수 있었던 것도 이 계정 덕분이었다.

그 중심에 바로 소수가 있었다! **비대칭 암호화**를 비롯해, 라바비트가 보안 확보에 동원한 여러 메커니즘은 소수와 떼려야 뗄 수 없는 관계였다. 그리고 소수는 톡톡히 제 몫을 해냈다. 얼마나 말끔히 임무를 완수했던지, 정보기관들조차 혀를 내둘렀고 급기야 미 정부는 라바비트의 보안 메일 서비스를 중단시켜 버렸다. 다들 예상하던 조치였다.

1	2	3	4	5	6	7	8	9	10
11	12	13	14	15	16	17	18	19	20
21	22	23	24	25	26	27	28	29	30
31	32	33	34	35	36	37	38	39	40
41	42	43	44	45	46	47	48	49	50
51	52	53	54	55	56	57	58	59	60
61	62	63	64	65	66	67	68	69	70
71	72	73	74	75	76	77	78	79	80
81	82	83	84	85	86	87	88	89	90
91	92	93	94	95	96	97	98	99	100

깊이 들어가면 복잡해지니 대강만 밝히겠다. 비대칭 암호화의 매력은 상반된 두 연산이 주는 묘미에 있다. 하나는 간단하기 짝이 없고 다른 하나는 복잡하기 그지없다. 다시 말해 소수 두 개를 놓고 그 곱을 구하라고 한다면 하나도 어려울 게 없다. 그러나 어떤 정수를 놓고 그것이 본래 어떤 두 소수의 곱셈이었는지 역으로 찾아내라고 하면(수학용어로는 **인수분해**라고 한다) 보통 골치 아픈 문제가 아니다. 현존하는 최고의 슈퍼컴퓨터를 여러 대 동원해도 엄청난 시간이 걸린다.

가령 999,809와 404,081이라는 소수 두 개를 놓고 그 곱을 구한다면 금세 답을 찾을 수 있다. 하지만 404,003,820,529를 인수

분해 해서 곱하기 전의 두 소수를 찾아내야 암호가 해독된다면? 몇 가지 편법도 없지 않지만, 원칙적으로는 나누어떨어지는 숫자 404,081이 나올 때까지 하나하나 숫자를 대입해보아야 한다.

나누어떨어지는지 확인해보기는 어렵지 않다. 그러나 대입해야 할 소수가 워낙 방대해서 만만치 않은 시간이 소요된다. 실제로는 소수 중에서도 어마어마하게 큰 숫자들을 곱해야 한다. 곱한 값이 상상을 초월하게 커져야 인수분해하기도 복잡할 테니 말이다. 따라서 앞에서 예로 든 열두 자리 숫자로는 어림도 없고, 곱한 값이 아래처럼 600자리는 가뿐히 넘어가야 한다.

2519590847565789349402718324004839857142928212620403202777713783604366202070
7595556264018525880784406918290641249515082189298559149176184502808489120072
8449926873928072877767359714183472702618963750149718246911650776133798590957
0009733045974880842840179742910064245869181719511874612151517265463228221686
99875491824224333637259085141865462043576798423387184774447920739934236584823
8242811981638150106748104516603773060562016196762561338441436038339044149526
3443219011465754445417842402092461651572335077870774981712577246796292638635
6373289912154831438167899885040445364023527381951378636564391212010397122822 120720357

이 정도면 아직 새 발의 피다. 아무튼 비대칭 암호화를 사용하면 두 소수의 곱만 알아도 상대에게 메일을 전송할 수 있다. 반면, 암호 해독은 처음 두 소수가 무엇인지 알아야 하는 차원이 다른 문제가 된다.

이 사건이 수학과 소수가 어딘가 쓸모 있다는 사실을 실감하는 데 도움이 되었기를 바란다. 아마도 스페인에서 불법 자금 논란에 휩싸인 라호이 총리도 측근이나 전임 재무장관과 문자를 주고받을 때 "암호화를 했더라면……." 하고 후회할지 모르겠다. 하지만 어쩌랴. 암호화 기술이 스페인에선 아직 걸음마 수준인 것을.

수학이 일상에서
이렇게 쓸모 있을 줄이야

개정판 1쇄 발행 2024년 7월 5일
개정판 3쇄 발행 2024년 8월 20일

원저 클라라 그리마
옮긴이 배유선
발행인 곽철식
디자인 강수진
마케팅 박미애

펴낸곳 다온북스
인쇄·제본 영신사
출판등록 2011년 8월 18일 제311-2011-44호
주소 경기도 고양시 덕양구 향동동391 향동dmc플렉스데시앙 A동 1504호
전화 02-332-4972 팩스 02-332-4872
전자우편 daonb@naver.com

ISBN 979-11-93035-48-1 (03410)

이 도서의 국립중앙도서관 출판예정도서목록(CIP)은 서지정보유통지원시스템
홈페이지(http://seoji.nl.go.kr)와 국가자료공동목록시스템(http://www.nl.go.kr/kolisnet)에서
이용하실 수 있습니다.(CIP제어번호: CIP2018040866)

• 다온북스는 독자 여러분의 아이디어와 원고 투고를 기다리고 있습니다.
  책으로 만들고자 하는 기획이나 원고가 있다면, 언제든 다온북스의 문을 두드려 주세요.
• 하이픈은 다온북스의 브랜드입니다.

$$\overline{a^2}\Big| + C \qquad (a+b)^2 = a^2 + 2a$$

$$tg\,\alpha = \frac{\sin \alpha}{\cos \alpha}$$

$$) = \qquad y = kx + m$$

$$X \in [3; +\infty)$$

$$(x^n)' = n x^{n-1}$$

$$c_i$$

$$\sin h\,x = -i\sin(ix)$$

$$(\sqrt{x})' = \frac{1}{2\sqrt{x}}$$

$$\frac{(x-\mu)^2}{2\sigma^2}\Big) \qquad V = \int_a^b \pi f^2(x)$$

$$(\ln x)' = \frac{1}{x}$$

$$N \in \mathbb{N} \mid \forall n > N \mid x_n - a \mid < \varepsilon$$

$$(x) = \frac{e^x - e^{-x}}{2}$$

$$\frac{1}{1} + C$$

$$log_a(xy) = log_a x + lo$$

$$nC\cos \alpha$$

$$g\,b \qquad S = 4\pi R^2$$

$$V = \frac{4}{3}\pi R^3$$

$$\sqrt{2} = 1,41$$

$$\iiint$$

$$\sum$$

$$(e^x)' = e^x$$

$$\pi = 3,14$$

$$\int_a^b f(x)$$

$$y = |x-2|$$

$$\ln(a-b)$$

$$\frac{a}{\sin A}$$

$$os\,x = Re\{e^{ix}\} \qquad x! = 1 \qquad \sum_{k=0}^{\infty} \frac{f^{(k)}(a)}{k!}(x-a)$$

$$\sin^2\alpha + \cos^2\alpha = 1$$

$$= 0,5$$

$$(f(x))' = \lim_{\Delta x \to 0} \frac{\Delta f}{\Delta x}$$

$$y = x^2$$

$$(C)' = 0$$

$$\lim_{x \to 0} \frac{\sin x}{x} = 1$$

$$\sin 90 =$$

$$a^2 +$$

$$e = 2,71$$

$$\lim_{x \to 2}$$

$$S = \frac{1}{2}ah$$

$$\varphi^2 = 1 + \varphi$$

$$\frac{1}{\varphi} = \varphi - 1$$

$$\sqrt{5} =$$

$$\infty$$

$$S_k = \sum_{i=1}^{k} a_i$$

$$\sin A = \frac{a}{c}$$

$$\cos A = \frac{b}{c}$$

$$y = e^x$$

$$2,3\ldots x$$

$$i = \sqrt{-1}$$

$$f(x) =$$

$$\log_a \frac{x}{y} = \log_a x - \log_a y$$

$$sh\,x = \frac{e^x - e^{-x}}{2}$$